农民教育培训系列教材

农村互联网
应用指南

刘玉军　周　霞　金　海 ◎ 主编

中国农业科学技术出版社

图书在版编目（CIP）数据

农村互联网应用指南／刘玉军，周霞，金海主编 . —北京：中国农业科学技术出版社，2019.6

ISBN 978-7-5116-4233-2

Ⅰ.①农… Ⅱ.①刘…②周…③金… Ⅲ.①互联网络-应用-指南 Ⅳ.①TP393.4-62

中国版本图书馆 CIP 数据核字（2019）第 112870 号

| 责任编辑 | 崔改泵 |
| 责任校对 | 贾海霞 |

出 版 者	中国农业科学技术出版社
	北京市中关村南大街 12 号　邮编：100081
电　　话	（010）82109194（编辑室）　　（010）82109702（发行部）
	（010）82109709（读者服务部）
传　　真	（010）82106650
网　　址	http://www.CASTP.cn
经 销 者	各地新华书店
印 刷 者	北京富泰印刷有限责任公司
开　　本	880mm×1 230mm　1/32
印　　张	5.25
字　　数	132 千字
版　　次	2019 年 6 月第 1 版　2020 年 6 月第 2 次印刷
定　　价	33.00 元

前　言

　　伴随着信息化在农村的推进，互联网已逐渐地在农村普及，而且与农民的关系日益密切。农村再也不是以前的农村了，它正从一个"乡巴佬"逐渐成为一个时代的"潮人"。而平凡的"三农"与互联网"相见恨晚"的相逢，虽然没有想象中那样的轰轰烈烈，却也愈演愈烈。让古老而传统的乡村迅速地进入了信息化的新时代。改变正一点点地发生，当城市的网络遍布各处时，农村较落后的现状使互联网的普及来得要晚一些，但也表现出十分积极的姿态。从过去的发展中，我们就能看到互联网正给乡村带来重大的变革，正积极地推动农村的进步与发展。

　　本书围绕农村互联网技术的应用，全面阐述农村互联网概述、上网预备知识、互联网在生活中的应用、互联网在农业生产中的应用、农产品电子商务、信息网络安全等内容。

　　限于编者水平，书中难免有不妥和错误之处，敬请广大读者批评指正。

编　者

目　录

第一章　农村互联网概述

第一节　互联网的功能

一、网络娱乐

伴随着移动 4G 网络的迅速普及和智能手机性价比的提升，网络娱乐逐渐成为农村网民日常休闲娱乐的重要组成部分。农村网民可以方便地在网上看电视和电影、听音乐、打游戏、看网络小说等。

二、网络购物

网络购物是一种新型便捷的购物方式。消费者可以在短时间内搜索上百家店铺，比较相似的款式，选择性价比最高的一家。只要在天猫、淘宝、京东、苏宁易购、唯品会、国美在线等网上商店检索商品信息，就几乎可以找到日常生活所需要的任何商品，通过电子订购单发出购物请求，厂商通过快递公司送货上门，大大节省购物时间。

三、网上支付

在网络购物中，网上支付是一个重要的环节。支付宝、微信钱包等网上支付软件可以提供简单便捷的支付、转账、收款等基础功能，还能快速完成信用卡还款、充话费、缴纳水电煤气费等。随着农村电子商务的发展，网络支付将会更迅速地普及和发展。

同时，手机支付向线下支付领域快速渗透，有 50.3% 的网民在线下实体店购物时用手机支付结算。移动终端已超过 PC 终端成为网购市场更主要的支付工具。

总之，在日常生活中人们通过网络新闻、搜索引擎，便捷地获取信息；通过微信、QQ、微博、BBS 等网络应用，方便地和朋友交流沟通、分享生活；通过网络音乐、网络游戏、网络视频、网络文学等网络娱乐方式，丰富业余生活；网上购物与网络支付等互联网应用软件，使无钱包出门时代悄然开启；网络医疗、网络教育、网络订票，使我们享受到更高效、优质、便捷的服务；网络约车、网络旅游预订，满足了用户的个性化出行需求。

四、即时通信

即时通信（微信、QQ 等）是农村网民使用率最高的应用。通过微信和 QQ，我们可以更方便地通过网络与朋友聊天，可以随时发送文字信息、语音信息，打网络电话、视频电话，共享图片、视频和文章。不管你的朋友在邻村还是外省，甚至是外国，只要双方都使用即时通信工具，就可以随时随地聊天，共享信息，分享心情，随着移动互联网和手机的普及，即时通信工具已成为最受广大农村网民欢迎的应用之一，它拉近了人与人之间的距离，使世界变得更小，实现了"海内存知己，天涯若比邻"。

五、微博

微博，即微型博客的简称，是一种通过关注机制分享简短实时信息的广播式的社交网络平台。微博作为一种分享和交流平台，更注重时效性和随意性。

很多明星、名人都有自己的微博，通过关注他们的微博，网民能随时了解自己喜欢的明星、名人的思想和最新动态，比如有什么新电影要上映，有什么新书要出版，对最近的时事有什么点评等。网民也可以建立自己的微博，分享生活趣事、人生感悟和兴趣爱好等。

六、电子邮件

电子邮件是网络办公的重要工具，目前在农村地区的普及程度较低。电子邮件是一种用电子手段提供信息交换的通信方式，通过网络的电子邮件系统，用户能以非常低廉的价格（不管发送到哪里的电子邮件，都只需负担网费）、非常快速的方式（几秒钟之内可以发送到世界上任何指定的网络邮箱）与世界上任何一个角落的网络用户联系。

电子邮件的内容可以包含文字、图像、声音等多种形式，它的存在极大地方便了人与人之间的沟通与交流，促进了社会的发展。尽管随着微信、QQ 等即时通信工具的流行，在移动互联网时代电子邮件的地位略有下降，但电子邮件仍然是一个不可或缺的重要网络办公工具。

七、网络新闻

网络新闻是突破传统的新闻传播概念，在视、听、感方面给受众全新的体验。它将无序化的新闻进行有序整合，并且大大压缩了信息的厚度，让人们在最短的时间内获得最有效的新闻信息。目前，网络新闻是农村网民除了即时通信以外使用率最高的应用。

八、搜索引擎

网络是一个巨大的信息资源库，但要从这个信息海洋中准确、迅速地找到并获取自己所需的信息，却往往比较困难。搜索引擎（Search Engine）就是网络信息资源检索与利用的核心工具，它可以帮助用户快速、便捷地找到所需要的信息。不用再跑到图书馆、资料室就可以通过搜索引擎找到所需要的几乎所有信息，包括新闻、网页、问答、视频、图片、音乐、地图、百科、良医、购物、软件等信息。

在互联网时代，遇到问题的第一反应不是问老师，问朋友，而是有事就先使用搜索引擎。我们坐在家中也能轻松获取来自世界各地的最新信息，真正做到"秀才不出门，尽知天下事"。

第二节 信息化在新农村建设中的作用

信息产业在推进社会主义新农村建设中具有重要的作用。信息技术科技含量高、发展速度快、渗透力和带动力强，信息产业及信息市场化在促进农业生产经营、农村社会事业发展、农民整体素质提高、缩小和消除"数字鸿沟"等方面，都具有十分重要的作用。

农村经济社会的发展也为信息产业开辟了具有较大潜力的市场空间。信息化不仅是解决"三农"问题的手段和条件，是新农村建设的重要内容，同时也为信息产业拓展了市场空间。随着国家建设社会主义新农村的各项政策出台，农村地区的生产生活条件、农民的收入水平、农民的精神面貌都发生了很大的变化，农村和广大农民对信息技术、网络和产品的需求将变得日益旺盛，使得信息产业在面向"三农"的众多领域都大有用武之地。

一、信息化在农业生产上的作用

用于农业生产预测，辅助农民合理安排生产，减少盲目性，降低风险；用于指导农业生产，加快农业科技成果的转化，提高产量；用于农产品销售，增进农业小生产与大市场的对接。

二、信息化在农村管理上的作用

（1）镇务、村务管理信息系统
（2）市场信息系统
（3）农村政策法规查询系统
（4）病虫害预测与防治系统
（5）农村科技信息系统

三、信息化在农村学习上的作用

实现远程教育，缓解农村师资缺乏、教育质量不高的局面；可方便地对农民进行职业技能培训。

四、信息化在农村环境建设和保护上的作用

通过对耕地、水资源、生态环境、气象环境等方面的动态监控和信息收集，使政府有关部门能够及时采取有关措施，指导和调控有关企业和农民有效地利用、保护资源与环境。

第三节 农业信息化的应用案例

一、带有"身份证"的"阿强"鸡蛋

上海复旦大学计算机系毕业的大学生顾澄勇回乡帮他爸爸打理养鸡场。他发现人们越来越关心食品的质量，于是决定开发出一种计算机软件系统，让市民可以了解自己买的鸡蛋是在哪儿生产的，又是哪天生产的，是否经过检验等，以放心鸡蛋的质量。经过努力，他开发了"阿强"鸡蛋网上身份查询系统。从此"阿强"鸡蛋的包装盒中多了一张薄薄的卡片，提醒消费者可以根据卡片上标明的查询号码和生产日期，到上海农业网上查询与这盒鸡蛋有关的产蛋鸡舍、蛋鸡周龄、蛋鸡品系、饲

料饮水及检验结果等信息，甚至还能看到鸡舍及员工消毒、喂养的视频画面。从此，市民购买"阿强"鸡蛋更放心了。而消费者放心的结果，直接带来的是经济效益的增长，有了"身份证"的鸡蛋销量大增，仅2005年7月到年底的半年时间，"阿强"鸡蛋的销量就比上年同期增长了2.5倍。

二、网上专家答疑

当禽流感在全国各地流行的时候，龙门县永汉镇胡须鸡养殖大户李汉泉高兴地说到："前几天，我到镇信息服务中心发布了一条如何解决养鸡场消毒问题的信息，当天就从山区信息网上得到省农科院专家的解答，这个答复很适合我的鸡场，以后一定要好好利用网上答疑功能。"

三、种植什么品种

朋友的一个亲戚，在广州市增城区种植蔬菜约2 000亩，已经种了5年。但是过去三年来，种蔬菜并不挣钱，原因是化肥价格上升，工人工资上涨，而且前年、去年两年当地均下了暴雨，由于地势较低，种植的蔬菜全部被淹，有2个月没有出菜。从去年下半年开始，他决定转产。但是对于该种什么，一直拿不定主意，便找到朋友帮助。朋友从广东山区信息网上查找信息，了解到东莞麻涌镇种植香蕉，品种优良，产量高，马上将信息告诉他，他专门去东莞考察，同时朋友通过广农网了解深圳布吉农产品批发市场这几年的香蕉价格信息，得知价格一直比较稳定，并且略有上涨。于是，他决定种植东莞的香蕉品种。第二年部分香蕉开始收获时，他估算收入比种植蔬菜有大幅提高。

第二章　上网预备知识

第一节　启动和关闭计算机

要使用计算机，首先要学会计算机的启动和关闭。

一、启动计算机

启动计算机一般有 3 种方式：冷启动、复位启动和热启动。冷启动是指机器尚未加电的情况下的启动。复位启动和热启动是在计算机已加电情况下的启动方式，通常是在机器运行中异常死机的情况下使用的。计算机机箱的前面都有一个电源开关，打开此电源开关可冷启动计算机。有些计算机机箱的前面有一个 Reset（复位）开关按钮，按一下此开关就可复位启动计算机，此过程类似于冷启动。

热启动一般是指同时按 ［Ctrl＋Alt＋Del］组合键的启动方式，此种方式的启动过程与使用的操作系统有关。

二、关闭计算机

由于计算机包含主机和外部设备，这些都是电子设备，因此，应遵循正确的打开和关闭这些电子设备的顺序，正确打开电源的顺序是：先开显示器、打印机等外设，再开主机电源。正确关闭电源顺序是：先关主机电源，再关显示器、打印机等外设电源。

注意：如果显示器是通过主机电源供电，在开、关机的过程中就可以不考虑打开和关闭显示器的电源的顺序。

第二节　计算机的键盘操作

键盘是电脑最基本的输入工具，键入命令、打字（包括英文和中文）是电脑使用中最基本、最常用的操作。正确规范的键盘使用方式，不但能快速地完成录入、方便电脑的控制，还能显示良好的专业素养。

一、键盘操作的基本常识

打字首先要注意打字的姿势。如果姿势不当，不但会影响打字速度，也很容易疲劳。正确的姿势是身体保持端正，两脚平放。椅子高度以双手可平放桌上为准，桌、椅间距离以手指能轻放基本键位为准。两臂自然下垂，两肘轻贴于腋边。肘关节呈垂直弯曲，手腕平直，身体与打字桌距离约20~30厘米。手指稍斜垂直放在键盘上，击键的力量来自于腕，尤其是用小指击键时，仅用手指的力量会影响击键的速度。

正确的指法是提高速度的关键，掌握正确的指法，养成良好的习惯，才会有事半功倍的效果。正确的指法要求如下。

①打字时，全身要自然放松，腰背挺直，上身稍离键盘，上臂自然下垂，手指略向内弯曲，自然虚放在对应键位上，只有姿势正确，才不致引起疲劳和错误。

计算机键入指法和英文打字机指法基本相同。指法规定：在键盘的第三行中，除 G 和 H 键外，其余 8 个键都是基准键。左手的小指、无名指、中指和食指分别负责敲击基准键 A、S、D、F，右手的小指、无名指、中指和食指分别负责敲击基准键 ";"、L、K、J，如图 2-1 所示。

②十指分工明确。各手指具体分工如图 2-2 所示。

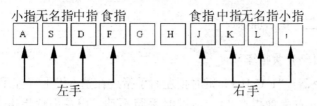

图 2-1

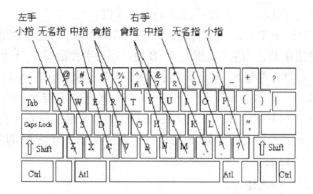

图 2-2

③身体保持笔直，稍稍偏于键盘右方。椅子的高度要便于手指的操作，两脚平放。

④两肘轻轻贴于腋边，手指轻放于规定的字键上，手腕要平直，手臂要静止，人与键盘可调整到舒适的距离。全部动作只限于手指部分，上身其他部位不得接触键盘。

⑤平时手指稍弯曲拱起，指尖后的第一关节微呈弧形，轻放键位中央。手腕悬起不要压在键盘上。

⑥应是轻击键而不是按键。击键要短促、轻快、有弹性。用手指垫击键，不要用指尖或把手指伸直击键。无论哪一个手指击键，该手的其他手指也要一起提起上下活动，而另一只手则放在基本键上，不要小指击键时，食指上翘，或者相反。

⑦击键力度适当，节奏均匀。

二、指法训练

(一) 食指练习

练习"FGHJ"键时把左右手指放在基本键上（左手食指在F，右手食指在J），击键时手腕不动，用左手食指击F、G键，用右手指击J、H键。左手食指击完G键后应立刻返回F键，右手食指击完H键后应立刻返回J键。

练习"RTYU"键时把左右手指放在基本键上（左手食指在F，右手食指在J），用左手食指击T、R键，用右手食指击Y、U键。击键时，注意F键与R、T键及J键与Y、U键之间的角度和距离。

练习"VBNM"键时把左右手指放在基本键上（左手食指在F，右手食指在J），用左手食指击V、B键，用右手食指击N、M键。击键时，注意F与V、B及J与N、M之间的角度，并注意击键后手指返回基本键。

(二) 中指练习

把左右手指放在基本键上（左手中指在D，右手中指在K），用手中指击D、E、C键，用右手中指击K、I和","键。击键时，注意D与E、C及K与I、","之间的角度，并注意击键后手指返回基本键。

(三) 无名指练习

把左右手指放在基本键上（左手无名指在S，右手无名指在L），用左手无名指击S、W、X键，用右手无名指击L、O和"."键。击键时，注意S与W、X与L与O、"."之间的角度，并注意击键后手指返回基本键。无名指的运用比较难，常常是力量不足，应经常练习，注意击键时手指力量保持均匀。

(四) 小指练习

把左右手指放在基本键上（左手小指在A，右手小指在";"），用左手小指击A、Q、Z键，用右手小指击";""/"

"P"键。击键时，注意 A 与 Q、Z 及";"与 P、"/"之间的角度，并注意击键后手指返回基本键。小指击键力量常不足，要多加练习小指力度，才能使小指运用灵活。

（五）数字键练习

数字码 1 2 3 4 5 6 7 8 9 0 在键盘的上方。10 个数字码可分成左右两大部分，10 个数码分别对应左右手的各个手指。根据数据的出现情况可采取两种不同的击键方式。

1. 通用式击键输入

所谓通用式击键输入，就是像前面介绍的字符一样，按规定指法击键，既有准备阶段，又有回归阶段。这种方式适用于数字和字符混合出现的情况。输入数码时，必须从基准键出发。击键完毕后再回到基准键。

2. 基准式击键输入

所谓基准式击键输入，就是将数字 1234 和 7890 作基准键位处理。输入数字时，我们像基准那样，将手指轻放在对应的数码键位上，敲完一个数字后不必缩回到原定的字母基准键位，而只需回归到这里的数字基准键位上，这样可以提高输入数字的速度，但指法的对应关系和担任动作还必须按基准键的要求。这种方式适用于成批的数字数据输入。

对于数字键的输入，重点还是应该放到通用式击键输入法的练习上。

（六）空格键、回车键和"Shift"键的练习

空格键在键盘的最下方，它用大拇指控制。击键方法是手指处于基准键位上，右手从基准键位垂直上抬 1~2 厘米，大拇指横着向下击空格键，击键完毕立即缩回。一个空格击一次键，例如，SALL　SAILED　FALL　JAFE　SAFES　LIKES，其中，数字之间的空白代表空格键，以后书写时，空格就用一个空白位置来表示。

回车键在键盘上用 Enter 来表示，它应该由右手的小手指来控制。击键方法是手指处于基准键位上待命，抬右手，伸小指击键。

在基础练习阶段，要把指法操作的正确性放在第一位，不要急于盲目追求输入速度。自己不太熟悉的击键动作要反复练习。

Shift 键的作用是用于控制换挡。在计算机键盘上，如果一个键位上有两个字符，那么当需要输入上端字符时就必须先压住 Shift 键，再敲上端字符所在的键。

由指法分区图可见，Shift 键是由小指控制的。为使操作起来方便，键盘的左右两端均设有一个 Shift 键。如果待输入的字符是由左手控制的，那么事先必须用右手的小指压住 Shift 键，再用左手的相应指头击上端字符键；如果待输入的字符是右手控制的字键，那么事先必须用左手的小指压住 Shift 键，再用右手的相应指头击上端字符键。只有上端字符击键完毕后左右手的指头才能缩回到基准键位上。

（七）其他字符的输入练习

除了字母和数字键以外，键盘上还有其他一些字符，如+、-、＊、／、（、）、#、！、?、＆、:、"、$、%、↑、↓、→、←、Ctrl 等。这些字符的输入也必须按它们各自的分区，用相应的手指按规则击键输入。只要我们熟悉了字母和 Shift 符号的击键原则和方法，那么这些字符的输入是不难体会和掌握的。

至此，键盘上的主要字符的输入方法介绍完毕。对于其他字符，亦可参照相应原则进行练习。读者一定要结合自己的实际情况，反复练习，反复体会和琢磨，才能真正掌握输入方法。

第三节　手机连接互联网

一、手机移动数据上网

第一步　点击手机屏幕上的"设置"按钮，见图 2-3 中部；进入到手机的设置界面，点击"双卡和网络"，如图 2-4 所示。

图 2-3　　　　　　　　　图 2-4

第二步　在"双卡和网络"栏目下，点击"主卡/上网卡"，见图 2-5；点击"卡 2 中国移动"，见图 2-6。

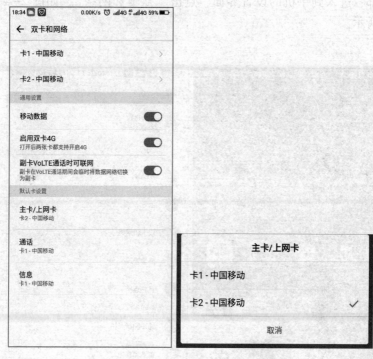

图 2-5　　　　　　　　　　　图 2-6

二、手机如何连入 WiFi 无线网

第一步　点击手机屏幕上的"设置"按钮，在出现的界面中，点 WLAN 选项，见图 2-7。

第二步　在出现的框中，点击一下即可打开，打开手机的 WLAN，选择要连接的无线网名称，如这里是 ABC 网络，点击 ABC，见图 2-8。

第三步　然后在"密码"对话框中，输入连接到无线网络的密码，再点击"连接"，如图 2-9 所示，说明手机已经连接到 ABC 网络。

图 2-7　　　　　　　　　　　　　　图 2-8

图 2-9

第四节 安装、卸载手机应用 App

一、App 及应用市场

App 是英文单词"Application"的简称，指的是智能手机上的各种应用程序客户端。简而言之，我们可以通过各种 App 直接进入某些网站的网页版，免去了打开网页的麻烦，比如我们熟悉的淘宝、当当等购物平台，就可以通过它们的 App 客户端直接进入。

既然有了 App，当然也就少不了集成各类 App 的应用市场，目前，大家比较熟悉的 App 市场有 iOS 系统上的 App Store 和安卓平台上的 Google Play 以及国内的豌豆荚等。

二、App 的安装

下面以安装微信为例，介绍如何安装 App。

在手机上找到应用商店或者安卓市场等，如图 2-10 所示。

图 2-10

　　输入"微信"进行搜索，然后点击在右边的"安装"按钮，如图 2-11 所示，安装完成后在桌面上将出现"微信"图标，见图 2-12。

图 2-11

图 2-12

三、App 卸载

安装完成的 App，由于内存不够或其他原因不再使用了，可以选择卸载，下面以微信为例介绍如何卸载 App。

第一步　在应用商店进行卸载，打开应用商店，见图 2-13，点击右下角"管理"，见图 2-14。

图 2-13　　　　　　　　图 2-14

第二步　点击"应用卸载"，见图 2-15；找到微信，点击右边的选择圆点，显示对勾"✓"后，点击下部的"一键卸载"，见图 2-16。

图 2-15

图 2-16

第三章　互联网在生活中的应用

第一节　阅读新闻

在互联网时代，人们可以按照自己的喜好随时随地获取世界各地的新闻。网络新闻突破了传统的新闻传播概念，在视、听、感方面给受众全新的体验。它将无序化的新闻进行有序的整合，并且大大压缩了信息的厚度，让人们在最短的时间内获得最有效的新闻信息。

一、手机端

第一步　打开手机上的应用商店，在搜索框里输入"新闻"，选择一个喜欢的软件，点击"安装"按钮，安装完成以后，点击软件，进入主页面，这里以腾讯新闻极速版为例，显示如图 3-1 所示。

第二步　点击右上角的"+"，选择自己喜欢的频道，点不喜欢的频道右上角的叉号，显示如图 3-2 所示。

第三步　在最上面一行的标签里任选一个，如点击"美食"，在"社会"频道里选择一个新闻，点进去我们可以看到新闻的具体内容，显示如图 3-3 所示。

二、电脑端

第一步　打开浏览器，往下翻可以找到新闻页面，显示如图 3-4 所示。

第二步　点击任一个自己喜欢的新闻类型，如图 3-5 所示。

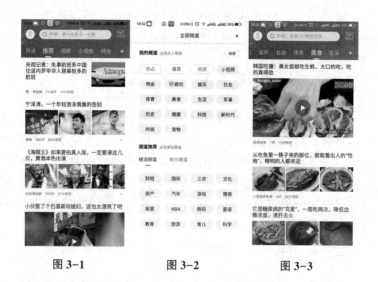

图 3-1　　　　　图 3-2　　　　　图 3-3

图 3-4

图 3-5

第三步　可以在状态栏下选择自己喜欢的新闻种类，再选择自己喜欢的新闻，双击打开看具体内容。

第二节　学　习

网络学习可以提供一种轻松自由的学习环境、学习方式和学习平台，可以利用时间和空间的优势，自我决定学习时间和地点，静下心来认真思考，仔细品味。网民可以通过互联网进行自由的学习，在手机端可以通过下载 App 进行学习，在电脑端可以通过网页进行学习。利用互联网进行学习的好处是时间灵活和内容全面。

一、手机端

第一步　例如学习英语，可以在手机的应用商店搜索框输入"英语"，选择一个合适的学习软件，进行下载安装。如选择"TED"如图 3-6 所示。

第二步　可以选择一个视频打开，显示如图 3-7 所示。可以通过点击▶快进视频，点击♡点赞视频。在这里可以锻炼自己的英语听说能力。

二、电脑端

现在有很多学习网站都做得非常好，可以在里面进行免费学习，在这里选择慕课网（http://www.imooc.com/）。

第一步　打开浏览器，在搜索框里输入慕课网，在搜索结果中寻找带有"官网"字样的结果，点击链接，进入慕课网官网，显示如图 3-8 所示。

图 3-6　　　　　　　　　　图 3-7

图 3-8

第二步　可以根据自己的需求选择学习的课程，如要学

MYSQL，如图 3-9 所示。

第三步　根据自己学习的进度选择合适的课程进行学习。

图 3-9

第三节　地　图

现在，电子地图已经成为人们生活中必不可少的一部分。电子地图可以对不熟悉的路线进行导航，可以提示拥堵情况，以便选择合适的路线。

手机端

第一步　在手机的应用商店里搜索地图，选择一个自己喜欢的软件，如百度地图，下载并安装，点进去显示如图 3-10 所示。

第二步　点击左下角的定位按钮，对手机的位置进行精确地定位，并且可以显示拥堵情况。

第三步　点击右下角的"路线"，显示如图 3-11 所示。

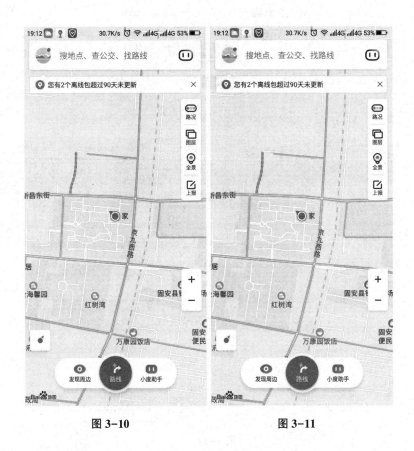

图 3-10　　　　　　　　　　图 3-11

第四步　可以选择自己喜欢的出行方式，如步行等。在"输入终点"处输入终点位置，点击"确定"按钮，显示如图 3-12所示。

第五步　在地图给出的多种选择中选择适合自己的方案，进行导航。

图 3-12

第四节 QQ在线交流

一、手机端

第一步 通过手机上的应用商店或者浏览器搜索"QQ"，点击下载并安装，安装成功后可以在手机桌面上看见一个如

图 3-13 所示的 QQ 图标。

图 3-13

第二步 点击图标打开 QQ 软件，如果已经有 QQ 账户，则直接输入账号密码进入 QQ 主页面，如果是新用户，则点击"新用户注册"。由于现在的账号需要与手机号绑定，所以输入手机号码，并点击"下一步"，手机会收到一个短信验证码，输入收到的短信验证码，填写一个喜欢的昵称，并点击注册。

第三步 点击"登录"按钮，然后点击设置密码，并输入密码，然后点击"完成"，则完成了 QQ 的注册。

第四步 加好友，点击右上角的"+"号，如图 3-14 所示。点击"加好友/群"，如图 3-15 所示。填写你将要加的好友的 QQ 号。

点击最下面的"加好友"，添加好友时可能需要问题验证，输入答案，并填写备注和选择分组，然后点击右上角的"发送"，对方通过验证以后，则可以成为好友并添加到通讯录中。

第五步 如需通过 QQ 联系好友，点击想要联系的好友，点击右下角"发消息"。在输入框内输入想要传达的内容，点击"发送"即可。

图 3-14   图 3-15

二、电脑端

第一步　同样是在浏览器或者应用商店下载 QQ，安装软件并安装完成。

第二步　点击桌面图标，如图 3-16 所示。

图 3-16

第三步　如果已经有 QQ 账户，则直接输入账号密码进入 QQ 主页面，如果是新用户，则点击"注册账号"，如图 3-17 所示。

图 3-17

第四步　输入昵称、密码和手机号，点击"立即注册"，具体过程同手机端。

第五步　点击"立即登录"，进入主页面，添加好友和与好友聊天功能与手机端类似。

第五节　微信的使用方法

一、手机端

第一步　通过手机上的应用商店或者浏览器搜索"微信"，点击下载并安装，安装成功后可以在手机桌面上看见一个如图 3-18所示的"微信"图标。

第二步　点击图标打开微信软件，如果已经有微信账户，则点击登录，输入账号密码，如果是新用户，则点击"注册"，显示如图 3-19 所示。输入昵称、手机号和密码，点击"注册"，

图 3-18

如图 3-20 所示，将接收到的验证码填写好完成注册。

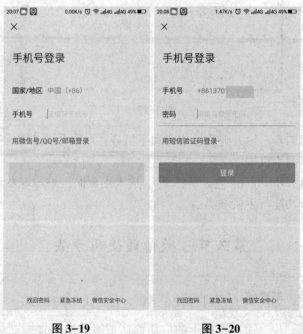

图 3-19　　　　　　　　　图 3-20

第三步　如需添加微信好友，可以点击右上角的"+"，如图 3-21 所示。点击"添加朋友"，如图 3-22 所示。输入对方微信账号或者使用"扫一扫"扫描对方二维码名片，如图 3-23 所示。点击添加到通讯录，输入验证信息和权限信息，点击右上角的"发送"，等待对方验证通过。

　　第四步　如需和对方通过微信聊天，选择需要联系的好友，在输入框内输入要传达的内容，点击"发送"即可。

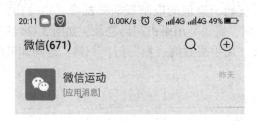

图 3-21

图 3-22　　　　　　　图 3-23

二、电脑端

第一步　通过电脑上的应用商店或者浏览器搜索"微信"，点击下载并安装，微信的电脑版需要配合手机使用，点击桌面"微信"图标，需要利用手机扫码登录，如图 3-24 所示。

第二步　用手机微信"扫一扫"扫描二维码即可登录。

图 3-24

第三步　点击想要联系的好友，并在输入框输入文字，点击"发送"即可。

第六节　微博的使用方法

一、手机端

第一步　通过手机上的应用商店或者浏览器搜索"微博"，点击下载并安装，安装成功后可以在手机桌面上看见一个如图3-25所示的"微博"图标。

图 3-25

第二步　点击图标打开微博软件。

第三步　如果已有微博账号，则点击右上角"登录"，输入账号密码进行登录。如果没有微博账号，则点击左上角"注册"。

第四步　输入手机号，然后点击"注册"，如图3-26所示。

第五步　输入手机接收到的验证码，点击"确定"，如图3-27所示。

第六步　完善个人的资料，在相应位置填写信息，点击"确定"，即完成了微博的注册，进入微博的主页面，在主页面可以看到关注人发的微博，如图3-28所示。

第七步　点击最下面的"发现"，在"发现"里找自己感兴趣的人、事、物，如图3-29所示。

图 3-26   图 3-27

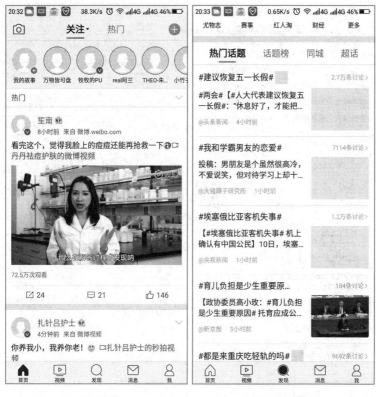

图 3-28　　　　　　　　图 3-29

　　第八步　点击最上面的搜索框，可以看到热门新闻，如图 3-30所示。

　　第九步　点击"发现"里的"找人"，如图 3-31 所示。

　　第十步　在搜索框里输入对方昵称或者账号，点击"确定"，显示相关的搜索结果，如图 3-32 所示。

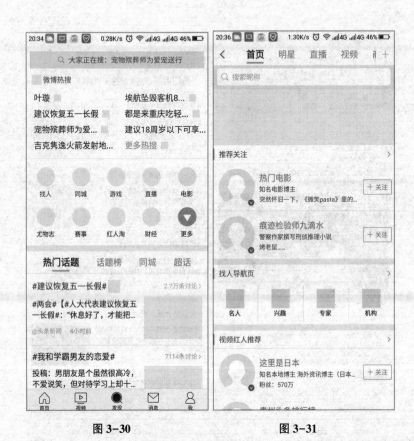

图 3-30　　　　　　　　　　图 3-31

第十一步　找到感兴趣的人，点击"关注"后返回微博主页面，点击"我"，如图 3-33 所示，显示了自己的关注人数和粉丝人数，点开，可以看到关注的人或者粉丝的具体信息。

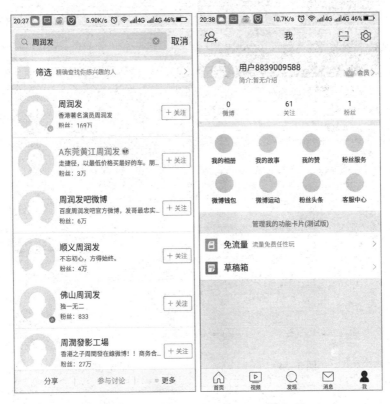

图 3-32　　　　　　　　图 3-33

第十二步　如想了解关注的人更多信息，点击头像进入主页，如图 3-34 所示。在这个页面可以看到他的主页面，了解更多关于他的信息，点击下面的"聊天"，则显示如图 3-35 所示的页面，在输入框输入信息，点击"发送"，即可完成。

图 3-34　　　　　　　　　图 3-35

二、电脑端

第一步　在浏览器里输入 https：//weibo．com/，进入微博主页，如图 3-36 所示。

第二步　如果有账号密码，则直接进行登录。否则，就点击 "立即注册"，如图 3-37 所示。

第三步　输入手机号、设置密码并填与获取到的激活码，点击 "立即注册"，即可完成注册，如图 3-38 所示。

图 3-36

图 3-37

第四步　在微博首页的搜索框输入想要关注的用户的用户

图 3-38

名。输入用户名后按回车键,如图 3-39 所示。点击"关注"按钮,可以关注该用户,在关注列表可以看到该用户,显示如图 3-40所示。点击该用户的头像,进入用户的主页面,显示如图 3-41所示。

图 3-39

第五步 如果需私信微博用户,点击"私信"按钮,可以

图 3-40

图 3-41

给该用户发送消息，显示如图 3-42 所示。在输入框输入想要发送的内容，并按回车键，便可以成功发送消息。

图 3-42

第七节 发送电子邮件

现在有很多类型的邮箱，如 163 邮箱、126 邮箱、QQ 邮箱和新浪邮箱等，在这里以 QQ 邮箱为例。

第一步 打开浏览器，在搜索框里输入 QQ 邮箱，在搜索结果中寻找带有"官网"字样的结果，点击该条搜索结果，进入 QQ 邮箱登录页面，如图 3-43 所示。

第二步 利用上面申请到的 QQ 号进行登录，如图 3-44 所示。

第三步 点击"写信"，如图 3-45 所示。

第四步 在收件人、主题和正文分别填写对应的内容，然后点击"发送"即可完成邮件的发送。

第五步 点击第二步里的收件箱可以看到收到的邮件，显

图 3-43

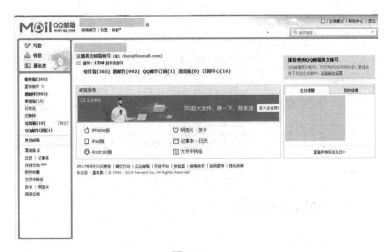

图 3-44

示如图 3-46 所示。

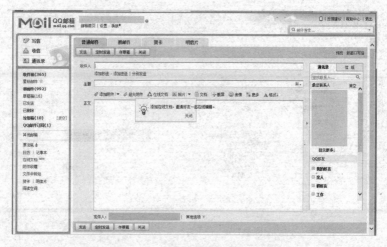

图 3-45

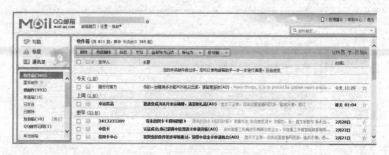

图 3-46

一、支付宝使用方法

（一）手机端

第一步　通过手机上的应用商店或者浏览器搜索"支付宝"，点击下载或安装，安装成功后可以在手机桌面上看见一个如图 3-47 所示的"支付宝"图标。

第二步　点击图标打开支付宝软件，显示如图 3-48 所示。

图 3-47

第三步　如果已经有支付宝账户，则直接阅读到第七步，如果是新用户，则点击"新用户注册"，显示如图 3-49 所示。

图 3-48　　　　　　　　　　图 3-49

第四步 点击"同意"。

第五步 输入您的手机号，点击"注册"，会需要短暂的等待短信验证，手机随后会收到一条包含四位数的验证码短信，将验证码输入页面中。

第六步 请按照页面上提示的密码设置要求，设置长度为 8~20 位不全是数字的密码，完成后点击"确定"按钮，进入支付宝首页，如图 3-50 所示。

第七步 如果已经有支付宝账户，则点击"登录"，并在出现的界面输入相应的账户和密码，点击"登录"，进入支付宝首页，至此，手机端支付宝安装、注册和登录的介绍结束。

图 3-50

第八步　若想使支付宝具有支付的功能，需要绑定银行卡，点击支付宝首页下方导航栏的"我的"，页面跳转至图 3-51，点击"银行卡"，页面显示如图 3-52 所示，该页面是已经绑定了 3 张银行卡，如果是新用户，需要绑定银行卡，点击页面右上角的"+"号，根据提示操作即可。

图 3-51

图 3-52

（二）电脑端

第一步　在电脑搜索框输入网址 https：//www.alipay.com/，或使用搜索引擎如"百度"，搜索"支付宝"，在搜索结果中寻找带有"官网"字样的结果，点击支付宝 知托付! 官网，进入支付宝官网，如图 3-53 所示。

图 3-53

第二步　点击首页中的"我是个人用户"，进入如图 3-54 所示界面。

图 3-54

第三步　如果已经有支付宝账户，则直接阅读到第七步，如果是新用户，则点击页面中的"立即注册"，将会显示如图 3-55所示。

图 3-55

第四步　阅读页面中的服务协议及隐私权政策，点击"同意"，进入创建账户界面，如图 3-56 所示。

第五步　在页面中选择"国籍/地区：中国大陆"（默认即是，可不改变），填入自己的手机号码，点击"获取验证码"按钮后，您的手机将会收到一条带有 6 位数验证码内容的短信，将验证码填入页面"短信校验码"位置，点击"下一步"。

第六步　在创建身份信息页面，需要填写的信息较多，按要求填写真实信息即可，填写完成后点击"确定"按钮，进入"设置支付方式"界面，按要求填写相关信息，可能会涉及银行卡等信息，填写完成后点击"确定"按钮即可，注册成功。

图 3-56

第七步　如果已经有支付宝账户，则点击页面中的"登录"。

第八步　填写您的账户名和密码，点击"登录"，将会进入支付宝首页，您可查看账户内余额、收支信息及账户绑定的银行卡信息等。

至此，网页版支付宝注册和登录的介绍结束。

二、微信钱包使用方法

第一步　打开微信，在页面下方的导航栏点击"我"，进入个人界面，如图 3-57 所示。

第二步　在"我"页面，点击"支付"选项，将会打开"我的钱包"界面，如图 3-58 所示。

图 3-57　　　　　　　　　　　　　图 3-58

第三步　在打开的页面上方有 2 个选项："收付款""钱包",下面详细介绍这 2 个选项的内容以及功能。

点击"收付款",显示界面如图 3-59 所示。

对方可以通过扫描该页面的付款码来收钱,这种付款方式一般用于大型超市、商场或者连锁店,并且该付款方式无须输入付款密码就可以付款成功。

该界面还有"二维码收款""群收款"和"面对面红包"等选项,但是一般不用于购物,所以在此不介绍。按返回键退回

"我的钱包"界面。

点击"支付"，在出现的界面中会显示您当前的零钱数额，您可以点击"充值"或者"提现"进行操作。点击"充值"，将会进入充值界面。

图 3-59

三、购买生活用品

以目前常用"淘宝"为例，下面介绍如何在电脑上进行淘宝购物。

前提：需要支付宝账号，如果没有，请查看支付宝使用方法。

第一步 在电脑搜索框输入网址 https：//www.taobao.com/，或使用搜索引擎如"百度"，搜索"淘宝"，在搜索结果中寻找如图所示的带有"官网"字样的结果，点击 淘宝网 - 淘!我喜欢 官网 ，进入淘宝官网，如图 3-60 所示。

图 3-60

第二步 点击左上角的"登录"，进入如图 3-61 界面。

第三步 点击界面右方扫码登录区域的右上角电脑图标，登录区域将变换为密码登录，如图 3-62 所示。

第四步 点击"支付宝登录"，进入支付宝登录界面，如图 3-63所示。

第五步 输入您的支付宝账户和密码，点击"登录"，进入淘宝网首页，如图 3-64 所示。

图 3-61

图 3-62

第六步 在搜索框 内

图 3-63

图 3-64

输入您想购买的商品名称，如"种子"，点击"搜索"按钮，
界面将会显示类似于图 3-65 所示内容。

图 3-65

第七步 在页面选择喜欢的物品，点击进入商品详情页面，如图 3-66 所示。

第八步 选择您想购买的颜色分类以及数量，点击"立即购买"，进入确认订单界面。

第九步 选择您的收货地址，要是没有收货地址，则完善一个真实的收货地址，然后点击提交订单。

第十步 提交订单后，页面会跳转至支付界面，选择合适的付款方式，并输入支付宝支付密码，点击"确认付款"，商品购买成功。

四、使用互联网进行旅行购票

以手机端为例进行介绍。

图 3-66

第一步　通过手机上的应用商店或者浏览器搜索"铁路12306"，点击下载或安装，安装成功后可以在手机桌面上看见如图 3-67 所示的"中国铁路"图标。

第二步　点击图标打开"铁路 12306"软件，显示如图 3-68所示。

第三步　点击首页下方导航栏的"我的 12306"，界面显示如图 3-69 所示。

第四步　如果已经有账户，则点击"登录"，界面如图 3-70 所示，输入用户名和密码，点击登录即可；否则，点击"注册"，界面如图 3-71 所示。

图 3-67

图 3-68   图 3-69

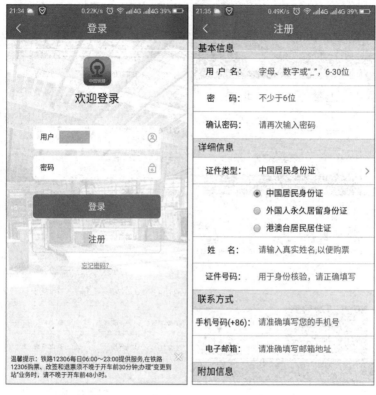

图 3-70　　　　　　　　　图 3-71

第五步　完善注册界面所有的信息，完成注册，并进行登录，回到主页面如图 3-72 所示。

第六步　选择出行地和目的地，以及出发日期和出发时间，还有一些其他的限制因素，例如"席别"等，可以选择填写，点击查询后，界面如图 3-73 所示，选择合适的列车，点击进行购买即可。

图 3-72   图 3-73

五、使用互联网享受医疗服务

以手机端为例进行介绍。

（一）使用支付宝享受医疗服务

前提：拥有支付宝账户并且绑定相关银行卡，若无账号或者未绑定银行卡，请参照"支付宝使用方法"。

第一步　点击手机桌面上的"支付宝"图标，进入支付宝首页，如图 3-74 所示。

第二步 点击首页中部导航栏内的"更多",进入全部应用界面,如图 3-75 所示。

第三步 在全部应用界面中的"便民生活"部分找到"医疗健康",点击后界面如图 3-76 所示。

图 3-74   图 3-75

第四步 在医疗健康界面,我们可以看到有很多服务,以常用的"挂号就诊"为例,点击后界面如图 3-77 所示。

第五步 选择您要预约挂号的城市与医院,点击后界面如图 3-78 所示,您可以选择您需要的就诊服务,后续操作可能涉及个人信息，所以不详细介绍，按照界面说明即可顺利完成。

图 3-76   图 3-77

（二）使用微信享受医疗服务

前提：拥有微信账户并且绑定相关银行卡，若无账号或者未绑定银行卡，请参照"微信钱包使用方法"。

第一步　打开微信，在页面下方的导航栏点击"我"，进入个人界面，如图 3-79 所示。

图 3-78　　　　　　　　　　图 3-79

第二步　在"我"页面，点击"支付"选项，将会打开"支付"界面，如图 3-80 所示。

第三步　点击界面中部的"城市服务"，进入城市服务界面，如图 3-81 所示。

第四步　您可以点击"北京"字样更换城市，确认城市正确后，点击界面中的"挂号平台"，界面显示如图 3-82 所示。

第五步　点击"腾讯健康挂号平台"，界面跳转如图 3-83 所示。

第六步 选择您想要预约挂号的医院。

第七步 选择您要预约挂号的科室，您可以选择您想要预约的时间和医生，后续操作可能涉及个人信息，所以不详细介绍，您按照界面说明即可顺利完成。

图 3-80　　　　　　　　图 3-81

图 3-82　　　　　　　　　图 3-83

第四章 互联网在农业生产中的应用

第一节 手机玩转淘宝

一、掌握网上开店的流程

开网店与开传统店铺没有区别，开网店之前首先要考虑好经营什么商品，然后选择开网店的网站，像淘宝网、易趣、拍拍网等，可以根据情况选择。开店之前，需要学习的东西可不少，"淘宝大学"是个好地方，你需要了解的许多知识，比如货源、价格、物流、售后等问题，在淘宝大学都能够找到答案，多吸取一些前辈的经验是不错的。在选择网站的时候，人气是否旺盛、是否收费，以及收费情况等都是很重要的指标。现在很多平台提供免费开店服务，这一点可以为你省下不少钱。

1. 考察好市场，确定卖什么

选择别人不容易找到的特色商品是一个好的开始，保证商品的质优价廉才能留住客户。

2. 选择开店平台或者网站

一般自设服务器成本会很高，低成本的方式是选择一个提供网络交易服务的平台（如淘宝网），注册成为该交易平台的用户。大多数网站会要求用真实姓名和身份证等有效证件进行注册。注册时名字很重要，有特色的名字更能让别人注意到你，记住你的店铺。

3. 向网站申请开设网上店铺

要详细填写自己店铺所提供商品的分类，以便让你的目标用户可以准确地找到你。然后需要为自己的店铺起个醒目的名字，以便吸引人气。网店如果显示个人资料，应该真实填写，以增加信任度。

4. 网上店铺进货

低价进货、控制成本非常重要，必须重视这一点。至于进货渠道，可以从各地的批发市场、网站或厂家直接进货等。

如果你没有实体店或非常好的货源，建议卖一些价格不太高的时尚小商品，或者有特色的东西。淘宝上的买家，多数是在校生与年轻的上班族，年龄多在15~35岁，找好商品的定位与受众。可以参观淘宝同类商品的店铺，多研究高级别的店，看看他们的商品、销售情况、特色，做到知己知彼，商品最好是"人无我有"。

5. 拍照

商品进来后，该拍一张漂亮的照片了。实拍照片能让买家感到真实，也能体现出卖家的用心。要尽量把商品拍得诱人，但前提是不失真实，处理得太多的照片容易失真，有可能会给之后的交易带来麻烦。

照片拍好后，可以在照片上打上一层淡淡的水印，水印上标明你的店名。等开店了以后，还应该打上店址，这是为了防止有人盗用你的商品图片。

6. 登录商品

需要把每件商品的名称、产地、所在地、性质、外观、数量、交易方式、交易时限等信息填写在网站上，最好搭配商品的图片。名称应尽量全面，突出优点，因为当别人搜索该类商品时，只有名称会显示在列表上。

漂亮的商品描述必不可少，要注意网页界面的美感，避免使用多种字体、颜色和设置许多不同字体大小的商品描述，这样不仅没有条理性，让人找不到重点，而且过大过小的字体容易让人感觉厌烦。真正漂亮的商品描述要条理分明、重点突出、阅读方便、令人感觉舒适。

价格也是商品成交与否的一个重要因素。大家购物的时候，都会考虑价格因素，因此，要为你的商品设置一个有竞争力的价格。当然价格的高低与货源、进货渠道有着密切关系，如果你能进到同等质量比别人更便宜的货，那么你的商品就比别人的商品更具有竞争力了。

7. 网上店铺营销推广

为了提升自己网上店铺的人气，在开店初期，应适当地进行营销推广。但只限于网络是不够的，要做到线上线下多种渠道一起推广。例如，购买流量大的网站页面上的"热门商品推荐"的位置，将商品分类列表上的商品名称加粗、增加图片以吸引眼球。也可以利用不花钱的广告，如与其他网上店铺和网站交换链接。

8. 网上店铺售中服务

顾客在决定购买之前，可能还需要很多你没有提供的信息。他们会随时在网上提出问题，你应及时并耐心地回复。但是需要注意，很多网站为了防止卖家私下交易以逃避交易费用，会禁止买卖双方在网上提供任何个人的联系方式，如信箱、电话等，否则将予以处罚。

9. 发货

商品卖出了，别高兴得太早。收到支付宝的打款通知以后，还有运送关要过，不管是平邮还是快递，要用尽可能省钱的方式将商品安全地运送到买家手中。

10. 网上店铺评价或投诉

信用是网上交易中很重要的因素。为了共同建设信用环境，如果交易满意，最好给予对方好评，并且通过良好的服务获取对方的好评。如果交易失败，应给予差评，或者向网站投诉，以减少损失，并警示他人。如果对方投诉，应尽快处理，以免使自己的信用留下污点。

11. 网店售后服务

商品卖出不代表交易就此结束了，还有售后服务。对自己的商品有信心的卖家，售后服务都做得非常好。不管是技术支持还是退换货服务，都要做到位，这才是一位好卖家。好卖家的回头客是很多的，不要小看这一部分的顾客。

二、选择适合的产品

确定要开一家网上店铺后，"卖什么"就成为最主要的问题了。在确定卖什么的时候，要综合自身财力、商品属性以及物流运输的便捷性，对所售卖的商品加以定位。

1. 网上开店卖什么好

在考虑卖什么的时候，一定要根据自己的兴趣和能力而定。尽量避免涉足不熟悉、不擅长的领域。同时，要确定目标顾客，从他们的需求出发选择商品。

随着电子商务的发展，一部分网络商品得到市场的认可并迅速火爆起来，而另一些商品却湮没在互联网的发展中。具体来说，适合网络销售的商品应具备以下特点。

（1）体积较小

主要是方便运输，降低运输的成本。体积较大、较重而价格又偏低的商品是不适合网上销售的，因为在邮寄时商品的物流费用太高，如果将这笔费用分摊到买家头上，势必会降低买家的购买欲望。

（2）附加值较高

价值低过运费的单件商品是不适合网上销售的。要做价格相对稳定的商品，不要做价格短时间内相对不稳定的商品，因为初期开店的小店承担不了这个风险。

（3）具备独特性或时尚性

网店销售不错的商品往往都是独具特色或者十分时尚的。

（4）价格较合理

如果线下可以用相同的价格买到，就不会有人在网上购买了。尽量选择线下没有、只有网上才能买到的货品，比如外贸订单商品或者直接从国外带回来的商品。避免做大路货之类的商品，这类商品一是利润相对少，二是价格相对透明，三是随处可见的商品毕竟不是那么吸引人。初期开店不可能有太多的人气和订单，如果形不成一个量的话，是很难继续下去的。

（5）通过网站了解就可以激起浏览者的购买欲

如果一件商品必须要亲眼见到才可以达到购买者所需要的信任，那么就不适合在网上开店销售。如果有品牌商品进货渠道的可以考虑做品牌商品，因为这类商品的知名度较高，即便买家没看到实物，也知道商品的品质。

2. 网店进货注意事项

很多网店新手卖家对进货没有经验，导致货源不足或成本过高等问题，直接造成网店经营的失败。开网店进货需要注意以下几点。

（1）高中低档结合

一家网店若想做到兼顾各类消费者，就应该做到高中低档结合，让每个人都能够满载而归。但是这里所说的高中低档不是指钻石和鹅卵石的差别，而是说在同样的钻石级别的商品里，要有真正名贵、让内行人一眼就看出小店的专业的品质，同时也要有门槛较低、价格合适、可供普通买家入手的商品。另外还要注意的是进低档商品时，应该着重样式和颜色，进高档商品应看重质量和特色。

（2）按照季节进货

网店的一大好处是可以随卖随进，减少囤货的风险。因此按照季节的更替，选择热销的商品进货才能把这种优势发挥到最大限度。

（3）紧跟流行趋势

网店经营者应该随机应变，灵活机动，能够根据市场自主调节进货商品的类型。在开店之初，做一个聪明的跟风卖家，能够积累资金，为扩大营业规模做准备。

（4）结合店铺风格

一家店要让买家印象深刻，就必须创造出自己的风格。而商品的进货也应该和店铺的风格统一。

（5）进一些周边商品

网店的重要用途之一是满足顾客一站式购物的需要。所以卖烹饪材料的小店不妨也进点儿烹饪书籍，卖服饰的小店也进些配件，既能增收，又能为买家提供便利。

（6）按照需要供货

一般来说，卖家按照自己对市场的估计进货，买家再根据自己的需要在不同的商铺购买。但是现在也有另外的消费方式，即买家挑选信任的商家，告之自己需要的商品，请商家按需进货。这样可以最大限度地避免囤积和浪费。

（7）问清能否换货

有些商品如果价格合适了，是可以更换颜色和尺码的。但是旧款换新款就要看进货商的砍价功力了。

（8）注意看进货单

付钱之前先看看商家给你开的单，核对上面的单价和件数。

（9）和进货商建立良好关系

遇到好的批发商，要让对方相信你做生意是追求长久合作的。开始他们可能会半信半疑，但是等你做上一段时间，来进货补货的频率高了，批发商自然会给你最优惠的价格。

（10）装熟原则

一般进货商都会给熟人更低的价格，所以不妨装装熟。比如，你看见某个店里面有好几款衣服你都很喜欢，你一进去就跟批发商说："老板，我又来了，这两天进了什么新款？"这一招很管用。老板一听是回头客，不仅会很热情地介绍，也不敢开高价。即使你从来没去过这家店，甚至是第一次进货也没关系，一天进进出出批发市场的人数众多，老板哪能个个都记得。所以小小地投个巧，也是为自己多争得一分利润的空间。

（11）多看多问多比较

如果有了固定的进货渠道，也不要因此就偷懒，还应该积极去寻找更低廉、更方便、更新式的进货渠道。一定要多看多问，尽可能对你所从事的项目有更多的了解，这样才会在做生意的过程中少受骗、多获益。

3. 民族特色工艺品

民族特色工艺品也是网店货源的一个不错的选择。

（1）民族特色工艺品的优劣势

民族特色工艺品具有工业化商品所没有的特性与优势，如奇特、淳朴、个性化。具有地域特色、民族内涵、文化底蕴等，这些特性与优势使其在商品海洋中显得尤其突出，但也有一些受地域限制、知名度低等劣势。

（2）民族特色工艺品的用途

①收藏。人们外出旅游，除了在景点拍照留念之外，一般还会购买当地的民族特色工艺品作为收藏品或赠品。

②家居装饰。现在的人们不太喜欢冷冰冰的金属材料、没有质感的塑料制品，而是更喜欢具有民族内涵和文化底蕴的民族特色工艺品，如在书房、卧室、客厅的墙壁挂上具有民族特色的挂毯，或张贴具有民族风情的装饰画，已经成为家居装饰的新潮。

③随身饰品。民族特色饰品也成为人们的最爱，如钥匙圈、手机挂件、胸颈饰物、衣饰、首饰、头饰等。

三、店内宣传的几种技巧

有一些技巧可以增强店铺的宣传效果，如设置好的店铺名称、巧用店铺交流区、进行友情链接、设置个人空间、加入淘宝商城、加入直通车等。

1. 设置好的店铺名称

很多买家搜索宝贝的时候也会用搜索店铺的方法，这时店名就显得很重要！一个朗朗上口又有个性的名字往往作用很大，说不定买家就冲着店铺的名字去店里看看！容易记住也是很重要的一个指标，这样如果买家想再次找到你的店，就方便多了。

（1）易读、易记原则

易读、易记是对店铺名的最基本要求。店铺名只有易读、易记，才能高效地发挥它的识别功能和传播功能。如何使店铺名易读、易记呢？这就要求店铺经营者在为店铺取名时，要做到以下几点。

①简洁。名字简单、简洁明快，易于和消费者进行信息交流，而且名字越短，含义越丰富，就越有可能引起顾客的遐想。

②独特。名称应具备独特的个性，力戒雷同，避免与其他店铺名混淆。

③新颖。名称要有新鲜感，赶上时代潮流，创造新概念。

④响亮。店铺名要易于上口，难发音或生僻字都不宜用作名称。

（2）暗示商店经营商品属性原则

店铺名还应该暗示经营商品的某种性能和用途。

（3）适应市场环境原则

店铺名读起来使人产生愉快的店铺联想，是因为消费者总是从一定的背景出发，根据某些他们偏爱的店铺特点来考虑该店铺的。但是，第一次看到这个名字的人，会产生怎样的心理反应呢？这就要求店铺名要适应市场，更具体地说要适合该市场上消费者的文化价值观念。店铺名不仅要适应目前目标市场上的文化价值观念，而且也要适应潜在市场的文化价值观念。

2. 巧用店铺留言

店铺留言位于店铺的底部，它除了用于买家与卖家进行交流外，还有发布信息、补充店铺介绍的作用。优惠信息、店主联系方式、购买宝贝的注意事项都可以写在宝贝留言里。

单击店铺下方的"管理店铺全部帖子"超链接，进入"留言管理"页面。在这个页面可以对店铺留言进行管理，如发布留言、回复买家的留言、删除留言等。单击"发表新帖"超链接可以发表留言，单击"掌柜回复"超链接可以回复留言，单击"删除"超链接可以删除留言。

店铺留言其实是一把双刃剑。通过买家和卖家之间的一问一答，无形中会起到宣传店铺的作用。留言越多，表明店铺越受关注。但也有些对店铺不利的留言，这类留言应及时删除，比如一些恶意同行的恶作剧等。

3. 交换友情链接

淘宝网上的卖家可以组成互助共进的联盟，要尽量争取和其他卖家，特别是与一些交易量比较大、信誉度比较高的卖家交换友情链接。通过交换店铺链接，形成一个互助网络，增进彼此的影响力。在其他卖家的店铺首页，买家只要单击友情链接，就可以直接访问相应的友情店铺。添加友情链接的方法很简单，单击"店铺装修"页面中的"友情链接"后的"编辑"按钮，然后在"淘宝会员名"文本框中输入对方的会员名，单击"添加链接"按钮即可。

4. 参加免费试用

试用中心立足为自有品牌商家打造商品推介，最新、最热、最火、最热卖的商品展示，为商家进行精准、高效的口碑营销传播。分为付邮试用与免费试用两种。

免费试用是试用中心推出的用户可以完全免费获取的试用品，通过试用报告分享试用感受，给商家的商品做出公正专业的描述，从而帮助其他消费者做出购物决策，找到真正适合自己的商品平台。申请获得的试用品无须返还。

付邮试用是试用中心针对快速消费品（如日用品、化妆品、食品、日常消耗品等）推出的"只需支付邮费，即可免费领取"的超值购物模式。用户只需支付较低的邮费，即可立即成功申领试用品。整个过程中会员体验的不仅是商品品质，同时也体验商家的销售能力、客服水平与发货速度等。

在试用期间可极大地增加店铺的曝光率和成交量，同时卖家还能得到宝贵的商品试用反馈。在赢得巨大流量和好评的同时也在淘宝树立起强大的品牌和店铺形象。

①可以获得更多的淘宝流量，比如收藏越多、销量越大、评价越高，在淘宝关键字搜索时，该类商品拍卖就越靠前。

②商家每日通过试用中心直接或间接达成的交易量大大超过平时，新上线的试用折扣价将极大地促进商品成交。

③通过试用产生良好的用户体验，获得试用会员最客观真实的口碑传播，增加品牌、美誉度。

④每个试用品每日都可获取几十万的流量，申请人数达上万人，并有独立的商品信息页，即使试用结束也会长期保留。

5. 加入淘宝商城

淘宝商城整合了数千家品牌商、生产商，为商家和消费者之间提供一站式解决方案，提供100%品质保证的商品，7天无理由退货的售后服务，以及购物积分返现等优质服务。区别于淘宝网，淘宝商城由商家企业作为卖家，如果想有绝对的品质保证，淘宝商城是你的不二选择。

2012年1月11日，淘宝商城在北京举行战略发布会，宣布更换中文品牌"淘宝商城"为"天猫"。迄今为止，天猫已经拥有4亿多位买家、5万多家商户、7万多个品牌。淘宝商城比普通店铺更有吸引力的是它的服务，"天猫"不光是大卖家和大品牌的集合，同时也提供比普通店铺更加周到的服务。

6. 加入淘宝直通车

淘宝直通车是为淘宝卖家量身定做的推广工具。它是依托于淘宝及其合作伙伴的搜索平台，让淘宝卖家更加方便地推广自己的宝贝。淘宝直通车推广，用一个点击，让买家进入你的店铺，产生一次甚至多次的店铺内跳转流量，这种以点带面的关联效应可以降低整体推广的成本和提高整店的关联营销效果。当买家在淘宝或雅虎搜索上搜索商品时，你的宝贝会第一时间出现在他们面前。按照效果付费的方式，淘宝直通车使卖家只需少量投入就可获得巨大的流量。你推广的商品不仅会出现在淘宝搜索结果页下方，还会在雅虎中国搜索结果页面的前4条或者最后2条的黄金位置出现。

那么，怎样使用淘宝直通车才能产生最佳效果？什么样的店铺使用直通车最理想？这些是很多淘友都非常关心的问题。选择做直通车推广的宝贝最好是店铺中综合质量较高的宝贝。

①有累计售出记录且商品介绍里插入多个同类商品介绍，做直通车可达到最佳效果。

②信用度在一钻以下，好评率低于97%的买家做直通车效果不太理想。

③个性化、特色商品，差异化商品做直通车效果更佳。

④宝贝详情内容丰富，图片背景清晰，宝贝突出。

⑤能够独家在网上经营的大众化商品，也适合购买淘宝直通车。

到目前为止，淘宝直通车是淘宝上带来流量最重要的推广工具，那么怎么加入直通车呢，具体操作步骤如下：

首先登录到淘宝后台，单击"营销中心"下的"我要推广"；进入到淘宝营销中心页面，单击"直通车"图标。

进入淘宝直通车首页后，在页面右边可以看到"账户未激活",单击"立即充值"按钮。

打开直通车充值页面,淘宝直通车第一次开户需要预存 500 元以上的费用,这 500 元都将用于你接下来的推广中所产生的费用,选择好充值金额后,单击底部的"同意以上协议,立即充值"按钮。经过支付宝的充值操作以后,返回到直通车主页,账户就开通并且可以使用了。

7. 使用旺铺"满就送"

"满就送"给卖家提供一个店铺营销平台,这个营销平台可以给卖家更多的流量。让卖家的店铺促销活动可以面向全网推广,将便宜、优惠的店铺促销活动推广到买家寻找店铺的购物路径当中,缩减买家购物途径的购物成本。

"满就送"商品功能如下:

(1)提升店铺流量

参加淘宝促销活动,上促销频道推荐,上店铺街推荐。

(2)提高转化率

把更多流量转化成有价值的流量,让更多进店的人购买。

(3)提升客单价

通过"满就送",提高店铺整体交易额。

(4)增加参加活动的机会

淘宝网有时候会举行一些针对参加"满就送"的活动,只有订购了这个服务的卖家才可以参加。

(5)节省人力

当卖家设置好"满就送"功能后,买家购买商品时,达到了设置的优惠标准后系统会自动操作。

(6)促销图标要明显、醒目

可以通过复制"满就送"代码,将"满就送"促销显示到网店的每一个地方,让顾客时刻可以看到店铺促销优惠,而不是只有到首页的促销区才能看到促销内容。

8. 参加聚划算

聚划算（https：//ju. taobao. com）是亚洲最大购物网站淘宝的团购品牌，也是淘宝覆盖全站的团购平台，凭借淘宝网海量丰富商品，每天发起面向两亿用户的品质团购，秉承"精挑细选、极致性价比、真相决定品质"的核心价值主张，正在快速发展中。无论是日交易金额、成交单数还是参与人数均在快速增长。

团购对于买家来说带来了很大的好处：一是团购价格低于商品市场最低零售价；二是商品的质量和服务能够得到有效的保证。因此聚划算吸引了几十万的买家疯狂团购，店铺品牌和商品品牌的超大曝光，产生了超强的吸引力，开始了病毒式传播。很多商家参与聚划算主要的目的是短时间内迅速增加店铺流量和曝光度，而不是依靠团购单品赚钱。因此单品定价非常低，甚至亏本销售。买家在聚划算的注意力会更为高度集中，不单单会看宝贝的品质，更多的是看该商家的品牌是否值得信赖。

四、塑造一个好的购物环境

网络购物作为一种潮流化的趋势，在现实社会中得到广大网民的青睐并且成为一种生活潮流，越来越多的年轻人开始涌入其中，而如何建立一个好的网络购物环境，已经成为卖家十分关心的话题。

1. 走出店铺装修误区

在网上可以看到很多卖家的店铺装修得非常漂亮，有些卖家甚至找专门的设计公司"装修"店铺。面对形形色色的店铺装修行动，稍不小心就走入了店铺装修的误区。下面介绍网店装修过程中常见的误区。

（1）图片过多过大

有些店铺首页中，店标、公告，以及栏目分类，全部都是用图片，而且这些图片非常大。虽然图片多了，店铺美观好看，可是买家浏览的速度是非常非常慢的。如果店铺的栏目买家半天都看不到，或者是重要的公告也看不到，那还有什么效果？

（2）栏目分类太多

这也是一个非常大的误区，有些店铺的商品分类达四五十个。这样的卖家大有人在。

也许你会说店铺的东西多，必须这样分类。但是你要知道，分类是让买家一目了然地找到自己需要的东西。几十个分类，一屏都显示不完，谁会拖动鼠标去找你的分类？

（3）存放图片的空间速度太慢

去测试一下你存放图片的空间服务器速度是否正常，并且服务器是否有区域限制。很多服务器在不同的 ISP 提供商的情况下，访问速度是完全不同的，甚至会有打不开的现象，那么你的公告、分类，买家也许就看不到。如果你的商品介绍里的图片或商品介绍模板页面也看不到的话，那就惨了，你的店铺花这么长时间设计出来，可能在你的买家面前就面目全非了。

（4）名字过长

将宝贝的名字、分类名字取得太长，这样的好处是被搜索到关键词的可能性增多，但太长的宝贝名字将没办法在列表中完整显示。更有朋友为了引起注意，在名字中加上一长串其他符号。真正的买家不会过于关心这些。把宝贝的特性、适用范围等描述清楚，加入适当的广告词，也就可以了。

（5）动画过多

将淘宝店铺布置得像动画片一样闪闪发光，能闪的地方都让它闪起来，如店标、公告、宝贝分类，甚至宝贝的图片也制作成浮动图片。动画可以吸引人的视线，但是使用过多的动画会占用大量的宽带空间，网页下载速度很慢。而且使用这么多的动画，浏览者看起来很累，也突出不了重点。

（6）背景音乐

一般在网页上添加背景音乐后，网页打开的速度会减慢；另一方面，有的买家白天没有时间，晚上上网的多。为了不影响买家及周围人的休息，也最好不要有音乐。

另外，买家在淘宝网买东西，不可能单逛你一家店铺。他可能同时打开几个网店。如果每家店铺都有不同的背景音乐，效果可想而知。

当然加音乐也不是没有一点可取之处，比如加个开门的音效，或者发出"欢迎光临"的语音，就是挺别致的做法。音效文件都非常小，对速度的影响可以忽略，而且设置为只放一遍，就不会造成很坏的影响。

（7）页面设计过于复杂

店铺装修切忌繁杂，不要把店铺设计成门户类网站。虽然把店铺做成大网站看上去很有气势，给人的感觉也好像店铺很有实力，但却影响了买家的使用。他要在这么繁杂的一个店铺里找自己的商品，不看得眼花心怪呢。总之一句话，要让买家进入你的店铺以后，能够较快速地找到自己所要购买的商品，能够清晰地了解商品的详情。

2. 细节赢得买家

要让自己的网店长久活跃在网络这个平台上，网店经营者就必须要拥有良好的心态和坚韧的毅力，注重细节，赢得买家。

（1）网店卖家必备招式

①把握好店铺的目标群体。特别是消费水平较高，又有极高的品牌忠诚度的白领人士，这类人群往往只要有过一两次成功的交易过程，就有长期购买消费的可能。

②店铺名称不要经常更换。开店前，就必须想好店铺的经营范围，想好店铺名称。想好后就不要经常改动，不然会影响老顾客对你的信任。

③热情的服务态度。网上销售与实体销售一样，都必须具

有"顾客就是上帝"的服务意识。

④合理的价格定位。网上销售与实体销售一样，都存在着商品竞争的情况。所以合理的商品定价就显得尤为重要，不要把价位抬得太高，以免吓跑买家，也不要把价格定得过低，以免让买家觉得便宜没好货。

⑤确保图片与实物的一致。网店中提供的实物图片可以进行一些适当的处理，但一定要确保最终的图片效果与实物一致，将最真实的实物效果通过图片传达给消费者，这也是商家诚信的外在表现。

⑥详细的商品描述。对于销售的商品，必须尽可能多地将其相关的信息进行详细介绍，方便买家了解。

⑦及时回答买家提问。通常买家在购买商品之前都会对这个商品做一个全面的了解。卖家若能及时、耐心地回复买家提出的疑问，打消买家的顾虑，将会更有利于促成交易。

⑧知己知彼，百战百胜。在商场上，同行不但是对手，同时也是良师益友。有时间多去参考同行的店铺经营方法和促销方式，会学到很多知识和技巧。

⑨多逛社区，多交朋友。在社区里，可以学到很多东西。新人开店，都会觉得对很多东西束手无策。这时，社区就是你最好的老师了。到社区多学学防骗、装修、推广的知识，这比你在电脑前干等买家上门好多了。

（2）网店卖家道德规范

网店卖家必须要有优秀的人品和良好的职业道德，切忌做一些违反职业道德、欺瞒消费者的行为。下面这几点是卖家需要杜绝的行为：

①商品描述与实物不符。应实话实说。

②买家提问不回复。应尽快回复买家提问，解其疑惑。

③与买家中断联系。应经常与买家保持联系，比如在发货前就必须要在第一时间使用旺旺或打电话或发 E-mail 联系买

家，避免一些不必要的时间浪费。

④填写虚假的个人信息，如地址、电话或姓名等。因为在邮寄时就会被拆穿，从而给买家留下不诚实的印象。

⑤不接买家电话，或在商品的价格上过分计较。不要给买家留下小气的印象。

⑥一味地向买家推销昂贵的商品以获得更高的利益。应该给买家推荐最适合的商品。

⑦商品一发出，卖家就概不负责。应该要有良好的职业道德、完善的售后服务制度。

第二节　手机玩转微商

一、怎么做农产品微商

微商，其作用是基于微信生态的社会化分销模式。它是企业或者个人基于社会化媒体开店的新型电商，从模式上来说主要分为两种：基于微信公众号的微商称为 B2C 微商，基于朋友圈开店的称为 C2C 微商。微商和淘宝一样，有天猫平台（B2C 微商）也有淘宝集市（C2C 微商）。所不同的是微商基于微信"连接一切"的能力，实现商品的社交分享、熟人推荐与朋友圈展示。从微商的流程来说，微商主要由基础完善的交易平台、营销插件、分销体系以及个人端分享推广微客四个流程部分组成。现在已从一件代发逐渐发展成服务行业自己存货自己发，有等级的区分，等级越高利润越大。

通俗讲，微商就是在移动端进行商品售卖的商家。从严格意义上说，微商算是电商更新的演化形式，为了和电商区别，我们把它叫作微商。微商是企业或个人基于社会化媒体开店的新型电商，是一种社会化的电商，简而言之就是移动社交电商。现在说的微商可能更多的是构建基于移动互联网的商业模式的创业家。

电商是做货的生意，以商品为中心；而微商则是做人的关系，以人为中心。电商时代都在追求爆品，只要商品足够好，价格有足够吸引力，就能够制造爆品神话。但以微信为代表的移动互联网时代是社交的时代，这时候我们和粉丝的关系、人与人的关系才是最核心的东西。通过关系获得信任，通过信任卖出商品才是关键所在。

电商时代追求流量和入口，无论是 PC 时代还是 App 时代，都在追求流量导入，追求不断拉拢新客户，追求成为入口。但在社交购物的微商时代，游戏规则变了，追求的是关系深度，我们不一定要有太多的客户，只要将粉丝、用户的关系做深，维系老客户，提升购买频率，就能够形成持续购买。这时候做人的关系是核心，维护老客户是核心，提升复购率是核心。微商无论选择朋友圈从小做起，还是开微店大干一场，都离不开生意的本质——有商品、有客户，最终达成交易。维系客户关系、产生深度的信任一定要注意以下几个方面：

第一，分享有节制。微信朋友圈中不少人为了提高自己商品的曝光率，无节制地推送商品信息，严重骚扰用户。这样做的后果只有一个，就是被朋友拉入黑名单！朋友圈营销是"熟人社交经济"，我们要做的是建立信任，在这个基础上达到营销目的，而不仅仅是修完图到朋友圈发商品，然后等着人来买我们的东西。

第二，推送有价值内容。我们不一定要完全推送商品的图片，可以分享这个商品的故事，或者是一些有关技巧之类的内容。例如卖一款纯银首饰项链，可以为大家讲解分辨这些商品真假的技巧，在网上找一些关于这些东西的故事分享给大家。网上这样的文章很多，自己从中挑选一些比较好的内容稍微修改一下就行。我们应该让大家从侧面了解到我们的商品，这在无形中也提升了大家对我们商品价值的认可和信任。

第三，让消费者评价带动口碑。这和我们常见的淘宝评价方式带动销售量是一个道理，有好的评价自然会吸引更多的人来购买。此外，微信朋友圈还有一个优势——基于熟人社交范围，可信度更高！比如，朋友或者客户购买并使用商品后，我们可以通过微信问一下他的使用感受或者让他在我们推送商品信息时给出评价，也可以将微店中的评论做成截图，然后把大家的评价整理出来，再分享到朋友圈。这样，通过大家的口碑宣传和正面评价来带动营销。当然，前提是我们的东西质量过硬。

第四，优惠与互动。优惠与互动也是对自身商品的曝光，从而达到推广目的。随着业务的扩展，朋友圈会不断扩大，购买东西的人也会越来越多。我们要通过开展一些优惠活动来吸引新客户，回报老客户，带动购买率。还可以进行一些小游戏、小活动与朋友互动，拉近彼此之间的距离。

农业特色产品通过微商这种销售模式会越来越盛行，除了微商本身这种模式的爆发之外，还有就是整个农产品的产业链发生了巨大的变化。从种植、生产到销售，都与以前的传统农业有所不同，这也就是我们所说的新农业。

农产品微商在 2015 年下半年出现一个井喷式的暴发，经过两年多的发展，很多新农人看到了微商这个机会，纷纷投入农产品微商这支大军。农业特色产品更适合用这种分享模式去销售，当一个客户可以知道他买的产品是如何种出来、如何成长、如何采摘、如何包装的，每一个环节他都很清楚地了解，就好像是亲自种植的一样，自然有一种信任感，对产品也没有什么顾虑。这是其他渠道无法做到也无法比拟的。

（一）农产品微商的四种模式

1. 认领

认领模式最近几年开始盛行起来，以前 1 亩地可以产生 2 000元的价值，但是通过这个认领模式之后，可以让它的价值翻 10 倍，变成 2 万元。这是怎么做到的呢？

认领是采用主人制模式，谁认领这块地，谁就是主人，这块地所有的产出都归他所有。一般采用这种模式的，都是有机绿色农产品，如有机大米、土豆、脐橙、香菇、蜂蜜等。认领人可以不需要自己去打理，统一交给农场主打理管理，认领人可以实时地了解自己认领的那块地每天的情况，也可以平时交给农场主打理，到周末带朋友、家人到自己认领的土地打理，种植、浇水、施肥、采摘等，自己丰衣足食，亲身体验那种田园生活，感受不一样的生活。

除了可以体验之外，自己认领种植的菜或水果都在自己的监控之下，从播种到收获，整个过程一清二楚，保证了无污染、有机绿色，吃得放心，这才是最重要的。现在的人最关心的是食品安全，而去菜市场买的菜，无法保证这一点。对于很多城市人、重视健康的人来说，这种模式很有吸引力。

2. 预售

农产品最大的问题不是种植或生产，而是经常会遇到供大于求的局面，导致农户种植或生产的农产品无法销售出去，或者是亏本低价甩卖。如果能够采用预售的模式，先收钱，再种植，这样就可以很好地控制风险。而用微信正好可以做到这一点——通过朋友圈、微信公众号和社群进行预售。

预售的好处如下。

（1）市场反馈

通过预售，我们可以知道产品的市场反馈，可以了解客户对这个产品的认可程度、需求情况，以便在种植和生产初期做出反应，适当调整，满足客户的需求。

（2）用户数据

预售的时候我们都要收集每个客户的资料，如姓名、手机号、地址、职业等信息。有了这个数据，我们就可以了解产品的客户是谁，用户在哪里。这个很重要，以前，我们的产品卖给谁，谁吃了，根本不知道，但是有了预售之后，这些问题就解决了。

（3）降低风险

以前我们总是把产品种植或是生产出来再推向市场，结果市场不认可，客户不买单，导致卖不出去。大多数农产品都有季节性短、保质期短的特性，如果在一定的时间内卖不出去，只能打折出售或者是烂在地里、仓库里。现在通过预售，我们就可以通过客户下单先收钱，根据客户的订单进行生产，可以说是零风险。

3. 众筹

实际上，这两年作为热度飙升的互联网金融的一个分支，众筹对很多人来说已不再陌生，但是在最传统的农业领域采用众筹的方式，尚属新鲜。

最简单的农业众筹模式就是消费者先筹集资金，让农民根据需求进行种植或生产，农产品成熟之后直接送到用户手里，这在一定程度上可以理解成农产品的预售。这种模式被业内称为订单农业——根据销量组织生产，降低农业生产的风险。

4. 会员制

会员制除了一些百货店、餐饮行业、酒店等行业可以运用之外，农业也同样适用。会员制模式与众筹、认领在形式上没什么区别，但本质上还是有很大的不同。虽然都是先付款再享用，但是会员制在服务内容和形式上有别于其他两种模式。

那么到底在什么情况下，我们应该用什么模式会比较好呢？会员制模式到底有什么好处呢？

一般农场或者是农产品订购制的经济主体比较适用会员制模式，而众筹和认领相对来说范围更广一点。采用会员制的好处就是专属、定制、独享。如农庄采用会员制，每个会员 5 万元一年，除农庄给你提供价值 5 万元的产品之外，你还可以随时来农场进行体验。其他客户没有这种福利，只有会员有，这是农场会员制的一种玩法；而农产品的会员制是，客户定制一年的产品，每个月给他快递产品，必须加入会员才能享用。比如我们用会员制模式销售蜂蜜，农户每月快递一瓶蜂蜜给客户，一年 12 瓶，每个月都是不同种类的蜂蜜，不同的包装，会员专属款，这样客户会有不一样的体验，不一样的感受。

二、微店注册与选品

（一）微店的注册

微店是提供微商玩家入驻的平台，有点类似于 PC 端建站的工具，其与移动电商的 App 的不同之处是，其主要利用 HTML5 技术生成店铺页面，更加轻便，商家可以直接装修店铺，上传商品信息，还可通过自主分发链接的方式与社交结合进行引流，最终完成交易。

微店作为一个微商平台，一头连着供货商，一头连着网民。微店类似于移动端的淘宝店，主要是利用社交分享、熟人经济进行营销。

微店主要分为两类模式：一类为 B2C 模式，如京东微店、微盟旺铺，直接通过商家对接消费者；另一类微店类似于 C2C 模式，多面向个人开店，如拍拍微店、口袋购物微店等。

（二）微商的选品

1. 基本原则

微商营销的本质是个人品牌营销、口碑营销。商品的质量是个人品牌营销的前提和基础，如果前期商品的选择工作没有做好，后期的一切包括推广、成交、售后、裂变都会困难重重。所以做微商，选好商品至关重要。下面先来看一看微商选商品的三大原则。

（1）就近原则

尽量选择自己家乡的特色商品，如山东的朋友卖东阿阿胶，新疆的朋友可以选择新疆大枣、葡萄干之类的商品。这样做就是为了给客户留下一个印象，即我的商品是同类商品中最好的。

（2）就熟原则

微营销要尽量选择自己熟悉的圈子来做。什么是圈子？就是我们熟悉的朋友，比如学生最熟悉的圈子肯定是学生；老板最熟悉的圈子自然就是企业家居多。那么我们可以从这方面入手，选择熟悉圈子的朋友们中销售最好的商品。比如我是一名女性，我的朋友圈大多也是女性。女性都爱美，那么护肤品可能就是非常好的商品选择。

（3）就源原则

微商要做大，发展代理自然是不二之选，为了利润最大化和长期发展的需要，选择的商品最好是货源上游，如果自己不能生产，那就找厂商独家合作代运营或贴牌生产，这样才能保证后期可以更好地掌控货源，招到更多的代理，共同做大市场。

2. 好商品的六大要素

（1）品质过硬

微营销是个人品牌营销，是基于社交圈的营销。在这样的圈子中我们是有一定信任度的，我们的销售也是建立在这样的信任之上的。如果我们能给客户带来放心、带来价值，客户也会更加信任我们。反之，如果用"A货"（仿品）、假货、残次品欺骗朋友，一旦信任决堤，将永远无法挽回。所以绝对不能把信任当作儿戏。销售好的商品才能持续发展，这点毋庸置疑。准备长期发展，一定要选品质过硬、质量靠谱的商品。

（2）通用性强

我们所选择的商品必须有一定的市场需求、消费人群，并且这个消费人群能不断扩大，以满足业务的扩张。这个消费人群最好是要求品质生活或高端生活的人群，因为我们销售的商品是他们生活中不可缺少的个性化的用品，比如美容、护肤类的商品等；或者是功能性的商品，例如佩戴型、礼品型、保健型的商品等。对刚进入这个领域的新手微商而言，这点要特别注意，除非掌握了一些特殊的人脉或者商品资源，否则千万不要轻易尝试做一些小众商品，例如字画、紫砂壶等。

（3）高复购率

微营销不是无休止销售，需要的是通过口碑产生重复购买。而且每个人开发客户的能力也有限，这时候选择一个可以重复购买的商品无疑是最好的。微信营销做的是以情感、价值为主的朋友生意，朋友的再次消费可以加深彼此之间的关系，如果朋友消费一次就不再需要了，一次性的生意很难产生回头客，而且对营销工作来说也比较吃力。

（4）竞争相对较小

选择的商品竞争相对要小，不要太激烈。现在很多人在微信里面卖衣服、鞋子和包包这些商品，结果往往不是很理想。因为大家都有在淘宝购物的经历。我们回忆一下淘宝卖得最好的类目是什么，就是这些衣服、鞋子和包包，那为什么还要在微信上卖这些东西？现在淘宝上这些东西的价格都是非常有优势的，如果这样直接和淘宝竞争，一定非常激烈，很难做大做强。

选择的行业尽量是朝阳产业，也就是说这个行业的势头是不断上升的。跟着这个势头来做，过程会相对容易很多。目前几个比较主流的朝阳产业有：美容护肤、健康、教育、现代农业、医疗、娱乐业等。

（5）易展示、易传播

大多数微商在手机端宣传推广商品，手机的屏幕就那么大，复杂的商品很难看清细节。例如服装，其实图片和文字展示都很难完整表达这件衣服到底如何，所以要避开这样的商品。

如果商品的效果可以立竿见影或者商品本身具有话题性，那么传播起来就会事半功倍。比如说微商里面见得最多的就是面膜，在贴面膜之前皮肤是暗沉干涩的，贴完之后皮肤变得白润透亮，效果比较明显。女性都爱美，敷完面膜拿出手机自拍，然后发到自己的朋友圈，很自然地就形成了传播。

（6）售后简单

商品的售后服务一定要简单。这里的售后服务是指商品本身的使用，而不是指对客户提供的售后服务。比如说零食，买回去可以直接食用，再比如面膜，买回去可以直接贴，不需要教客户怎么使用，也不用提供现场服务。

如果买了我们的商品，售后服务很麻烦，营销是很难持续发展的，也很难做大。以上这六大要素并不需要选择的商品每项都完全符合，但至少要符合其中三项，这样后期才能更好地裂变式发展，符合的要素越多，越容易做大。

三、3分钟微商速成秘诀

（一）个人微信号取名技巧

我们知道一个好的名字不仅方便传播，还可以让你的知名度提升好几倍。要在微信朋友圈中进行营销，我们首先要做的就是选择好的微信名以及头像，让别人看到你名字和头像的时候就知道你是销售什么商品的。那么对从事微商的你来说，取名究竟有哪些技巧呢？

1. 遵循通俗易懂、简单易记的法则

通常微信的名字建议采用你所从事的行业或销售的商品加你的个人名称，不建议采用英文名称，也不建议名称中包含复杂的字、英文+字母或者以 A 开头的，因为这样的名称很难识别。比如，现实生活中熟人圈里大家都叫你小易，你的昵称就叫小易，大家一看就知道你是谁，而且小易这两个字也比较好记，聊过一次就能记住了。在这里建议名字尽量控制在四个字之内，要朗朗上口，好记。

2. 遵循拟人及形象化原则

比如，你是卖蜂蜜的就可以起蜂蜜姑娘、养蜂人等，一看就非常明了了，不需要进行解释。

3. 遵循关联法则

微信名最好是与你所销售的商品有关联，这可以让大家在交流之前就已经明白我们销售的是什么商品，如卖米的富哥，微信名叫富哥卖米，一看就知道是卖米的；如"家乡特产小店"，一看就知道是做家乡特产的。

（二）微商内容引人入胜的 11 个法则

在谈到微商运营的时候，我们知道，言之无物、空话连篇的内容是无法吸引粉丝的。所以作为微商，你必须要有商品的素材——文字、图片等。要知道好的营销都需要靠文字打动人，如果你不会用文字描述，只发图片，根本无法打动别人。一个好的商品，是需要会说话的文字去支撑它，这样才有生命力。如卖衣服的朋友，你直接将衣服图片和衣服的颜色、款式、码数放上去，你觉得会有效果吗？所以，做微信营销，必须有一定的文字功底，不需要你的文案有多好，至少你要把这个商品描述清楚、说得明白。

那么究竟发什么样的内容才吸引人呢？对微商来说，内容可以是自己生活中的各种事，也可以是对生活的感悟，当然中间可以掺杂公司商品的信息（90%内容+10%的广告）。那么究竟发什么好呢？我们来讲几个技巧。

1. 语言风格

在这里大家要学会树立自己的语言风格，尤其是要用正能量的语言，最好不要出现抱怨、辛苦等词，不然会让别人觉得你这个人很不积极。

2. 生活展示

展示你热爱生活和发现生活美的一面，增加朋友对你的信任感。你还可以秀你的努力，让粉丝看到你很认真，很努力地在做微商，用心经营，去感染他们，吸引他们。切记：不要发个人隐私。

3. 商品体验

这里有两种，一种是发自己对商品的体验，因为你自己应该是商品最真实的意见领袖和体验者；另外，还可以秀用户的反馈，你可以收集每一个客户的评价图、聊天图及发货的快递单等，这些是最容易打动朋友的。

4. 人生感悟

比如，工作或是客户带给你的积极的、有益的东西。当然还可以发你对人生的感悟。比如，你一天的总结、给自己的鼓励、对家人朋友的支持等。

5. 相关知识

发与商品相关的知识和文化，你应该是自己商品的首席培训官，所有的商品和服务都需要强大的培训体系；尽量少发赤裸裸的广告和软文，除非广告有创意、软文有故事。

6. 转发内容

多关注微信公众平台，最好是汽车类、生活类、励志类、佛学类等，也就是那些能够塑造自己是一个有品位的人的微信公众平台，在转发的时候，可编辑一点对这篇文章的看法。当然，如果你是卖化妆品的，你要发能与女生产生共鸣的，最好是跟护肤、化妆有关的内容。转发内容一定要注意：一个时间段内文章不能太多。如果你看到一个人在朋友圈里突然连续转发四五条信息，你会一条一条地慢慢看他转发的吗？除非你和他很熟悉了。

7. 目的信息

比如，皮肤问题，可以求助、求共鸣、找解决方法、商品推荐、自说自话、晒聊天记录、逛街买化妆品、国外朋友送商品、使用反馈等。

8. 商品角度

发商品的时候，大家要明白，即使是发商品广告，也不能过于直接，应该采用柔和一点的语句及方式来表达。比如我们可以站在商品的角度进行描述，还可以用讲故事的方式来讲述商品的特点，从而达到吸引用户的目的。

9. 娱乐活动

在这里有几种情况，第一种是公司的活动，发布关于公司商品信息的时候，可以把语气转化一卜，不能太过明显地推销商品，谁也不愿意看到一个好友天天在朋友圈里发硬广告；第二种是做活动、娱乐，写一些吸引大家关注的话题。

10. 兴趣爱好

发兴趣，不发炫耀。兴趣是最好的老师，也能感染很多人，但要避免炫耀，无论是车、房，还是包。朋友圈中最受欢迎的内容是新动态。如今天和某某去某地吃了什么、今天去哪儿游玩了、我要开始减肥了等。朋友的动态，是朋友圈存在的价值所在。除此之外，我们还关注什么？当然是这个圈子形成的核心——共同的爱好。如果你是在吃货圈，你肯定不会错过圈子里发布的好吃的；如果你爱好营销，营销类文章你绝不会错过。当然还有时事热点、爆笑经典及颠覆性观点，这些都会引来围观、点赞。

11. 内容多样性

微信内容的多样性，为人们贡献了许多价值。我们虽是在微信上卖东西，但不建议只发商品广告，每天都要去分享一些知识。比如你是卖水果的，就要分享一些水果食用的知识，别人看到对自己有益的东西自然会多关注你。还有我们也可以用讲述故事或生活随笔的方式讲述商品的卖点，不要生搬硬套。

下面谈谈发布信息数量的相关技巧。

自己编写的内容 1~3 条为宜，谁也不喜欢刷屏的好友。

转发链接文章控制在 5 条以内，如果转发过多，会让粉丝觉得你转发的内容没有价值，但是，如果每天就只发几条自己精选过的内容，时间尽量错开，你的好友会觉得你分享的文章很珍贵。你的好友通过你的微信，能够吸收很多东西，自然会对你有好感，长此以往，很可能会每天关注你转发的内容。有了信赖，营销就简单了。

通常微商一天所发广告数不能超过 5 条，而且在时间上要有间隔，在发一条广告之后可以发一些生活中的分享信息，这样能适当减少朋友们的反感情绪，更加利于营销。

（三）微信操作小技巧

1. 善用微信群发助手

进入微信首页，点击右下方的"我"，点击"设置"，进入设置选项。在设置中选择"通用"选项。在通用中进入"功能"选项。在功能中选择"群发助手"，此时即可开始群发了。在最下方选择新建群发，然后选择要群发的好友的微信号。注意：群发切忌单纯地发广告信息，更多的应是感恩活动或者是节日祝福。

2. 利用微信备注功能对用户进行分组管理

如果微信粉丝过多，就很难寻找到想找的人，此时可以利用备注。备注格式建议为"行业或公司+姓名"，如"苹果，李总"。也可以在所有客户前统一加一个字母以方便区分管理。如"A 苹果，李总"。如果不知道名字的也可以在前面加一个字母以方便区分，如"A 蜂蜜"，代表是一类客户群体。

3. 学会加粉的简易技巧

在完成朋友圈装修及朋友圈内容发布及运营之后，这里简单介绍一些加粉的小技巧。

①用微信搜附近的人，把签名改成"商品的名字+你的职

业"，用这种方式加朋友是非常有效的，也能达到一定的广告效果。

②将 QQ 好友、手机通讯录上的朋友全部加上，这些一般都是认识的朋友、同学、同事、客户等。

③在微博、QQ 空间、QQ 签名上发布你的微信号，并且隔段时间就宣传一下你的微信号。

④多加 QQ 群，根据你的商品特性加入不同的群，精准的群引流是关键，先加 QQ 好友，再导到微信里。

⑤把商品送给一些在微信群里有一定影响力的朋友，免费送给他体验，他会帮你分享，这不仅起到宣传商品的效果，还可以帮你增加好友。

⑥多参加一些培训、论坛、讲座、交流会等，来这里的朋友都是为了认识更多的人，所以是一个增加好友的地方。

⑦活动推广。在你当地的客户群体之中搞有奖扫码活动，推自己的号码，这样比较精准。例如，有的餐饮号通过给客户提供一些优惠活动，一天就增粉近万人。

⑧文章引流。好文章的传播，对微信商家引流是至关重要的。一个好的文案，可以让你省下很多推广费，而且你还要把文章发到网上各大论坛去，转载的引流就更大了。

⑨互推。互推是大号最喜欢用的方法，省时省力，不用长篇大论的文章，不用辛苦劳累地改稿子，只需要短短 100 字左右的小段子，换来的一般都是比较有质量的粉丝，效果提升显著。好的互推一天能增粉 300 人左右。

⑩社区引流。你可利用你能想到的所有社交网站或平台，比如微博、陌陌、来往、旺旺、QQ 空间、人人网等，曝光你的微信号或二维码，再搭配上一份很漂亮的简介，肯定会引来一些人跟你做朋友。

⑪如果有资源，可以邀请微信、微博大号帮助转推，重点以活动或商品展示的形象出现，你当一个小客户就行了。

四、农产品微商的四种营销策略

（一）讲述故事

农产品大多大同小异，如何在众多的农产品中脱颖而出，让人家记住你，并愿意为你的产品买单，这很重要。微商卖的产品要有一种认同感，卖的是情感，卖的是你自己。你要能够将产品与自己结合在一起，与客户产生共鸣。

如大家耳熟能详的品牌褚橙，就是通过塑造褚时健的个人创业励志故事，通过互联网传播和放大，让人对他的脐橙产生了浓厚的兴趣，纷纷来购买。虽然价格比其他橙贵不少，但就是卖得很火爆。褚橙这个品牌告诉我们，故事比产品重要，当然前提是你的产品品质要过硬，加上一个好的故事去传播，就会更加好卖。

（二）好玩有趣

互联网的核心是什么？好玩！

微信的用户以"80后""90后"居多，他们买产品除了关注产品的功能，满足需求之外，吸引他们的另一个卖点就是是否好玩有趣。这也是为什么现在很多产品要结合互联网的一些元素，来吸引客户的眼球。

现在很多微商的农产品，不管是名称，还是包装、文案，里面的小东西都特别有意思，其目的就是让客户收到产品感觉有亮点，不会觉得太平庸，加深他们对产品的印象。

（三）制造爆点

在产品推向市场后，我们要思考如何将它引爆，让朋友圈的人都知道这款产品，刷爆我们的朋友圈。此时，我们就要思考如何制造这么一个爆点——是事件爆点、产品爆点，还是需求爆点？总之一定要结合产品的实际情况制造出一个爆点，这个非常重要。一旦第一炮打响，后面的推广就相对容易很多。

(四) 代理分销

除了护肤品等高利润产品可以通过代理分销之外，农产品也同样可以，只是代理模式有点不同，层级没有那些产品多。毕竟农产品的利润普遍较低，无法支撑那么多的层级。农产品分销最多不要超过两级，每一个层级利润不同，第一层级利润要比第二层级的低，保证二级的利润，这样分销人员才有积极性。现在很多农产品都是采用合伙人的模式，大家都是这个产品的品牌创始人，一起卖，一起推广。

第三节　手机玩转农业 App

一、农业 App 的分类

App 是移动应用程序的简称 (也称手机客户端)，它可以在移动设备上使用，满足人们咨询、购物、社交、娱乐、搜索等需求。

移动互联网领域涌现出一批农业类 App，既有平台类如绿科邦、易农宝，也有针对农技细分类的农医生、农管家，还有数量最多的农业电商类如岁农宝 (农民的电商)、田农易购 (地域云南，农特产)、微农商 (农资产品)、禾禾小镇 (优质农产品)、农迈天下等。

根据产品定位、目标市场和产品功能等指标，农业类 App 细分为农产品电商、农技服务和农业社区平台三大类。

农产品电商 App 概念相对出现的较早，也是目前所有"互联网+农业"领域相对成熟的模式，农民朋友可以利用该类 App 进行农产品及农业生产资料买卖，购买日常生活用品等。

长期以来，我国农业施行的是家庭联产承包体制，地域广而分散，经营规模小，加之农技人员相对不足，使大量的农户在生产过程中得不到应有的农技服务。近年来，农技推广领域特别是县、乡基层的农技推广普遍存在"线断、网破、人散"的现象，农技人员常常与农民是"隔河相望"，农技服务"最后一公里"的瓶颈长期困扰着我国农业的发展，一直无有效突破。随着移动互联技术的迅猛发展，使我们看到了解决这一重大困局的曙光。农技类手机 App 依托专业知识和专业人才，能使农民朋友获得需要的农技知识、农业信息等。

农业社区平台 App 是基于农业平台、社区功能的应用，用以满足农民生产、生活各类需求，既可以提供农产品价格行情查询及趋势预测，也可以融合查询天气、花费、网上办事等适用功能，还能打造行业圈，建立群组及在群组中深度活跃交流，讨论所在领域的解决方案，了解行业趋势，认识行业领军人物，推荐产品，精确获得潜在合作伙伴。

二、低成本推广农业 App

农业 App 的推广对农民的受益有直接影响，由于农民个人和企业的资金有限，除了通过付费推广自己的 App 外，还要学会充分利用免费渠道推广自己的 App。

1. 华为应用市场

华为应用市场是华为手机官方应用下载平台，也是华为用户首选的应用市场，是基于 Android 系统的免费资源共享平台，依托华为全球化技术服务平台和实力雄厚的开发者群体，用户可以在应用市场上搜索、下载、管理、分享最贴心的移动应用。

（1）华为"周一见"

华为应用市场"周一见"专题，每周精选优质应用，不特别限制主题，给予首页四叶草位置展示推荐。每周一安排推荐位置，展示时间约两天。

（2）鲜品专辑是华为应用市场为开发者推出的免费推荐资源，针对上一个月新推出的应用，给予华为应用市场客户端首页四叶草位置的专题推荐，每次推荐周期约为 10 天。

（3）专题自荐

华为应用市场专题开始接受开发者自荐，这是华为刚刚推出来的活动，懂运营的人都知道，这种资源就是多多益善。

（4）积分商城

积分商城属于礼品资源互换的合作形式，礼品由应用市场指定，持续一周。这是需要开发者提供奖品的，一周1万~2万元，根据位置不同，提供礼品的价值也不同。有足够预算的推广者可以考虑。

2. 小米专题自荐

小米专题自荐每期分为两个专题，上线时间为周二和周五，在首页位置的展示时间也就分为两个档期：周二至周四、周五至下周一。档期外的历史专题可以在热门专题列表中搜索到。编辑会在M1U1论坛发布专题前瞻，编辑会选出一些和专题契合的优质应用，开发者用回帖的方式自荐应用。

3. 360新品目荐

新品自荐推广是360手机助手为鼓励安卓应用开发者的创新精神，让优质的新品应用也有崭露头角的机会。要求360手机助手上线时间在六个月以内，推荐位置有手机端和PC端，根据应用质量的不同，给的位置也不一样。

4. 豌豆荚设计奖

豌豆荚设计奖每周一次，评选优质应用和游戏各一款推荐给用户。基本上就是看App质量，展示有专门的豌豆荚设计奖板块。

豌豆荚设计奖其实就是把设计团队最喜爱的应用分享出来。截至目前，豌豆荚设计奖已经推荐了100款功能各异的应用，团队希望将豌豆荚设计奖变为用户获取应用的途径，希望和用户对话。

三、提高用户留存率的好方法

在智能手机不断普及的情况下，要获得专有用户也不是那么容易的事，现在我们来看看能提高应用留存率的方法。

1. 功能要简单极致

开发者和企业家创建应用时常犯的一个错误是，把应用弄得太复杂了——这边巴不得塞一大堆功能到应用里，但那边流行的常常是最简单的应用，用户不是专家，"傻瓜式"的东西是他们的最爱。所以把应用做简单、专注就够了。

2. 给用户回头的理由

这里的理由就是"不说空话"，展示应用最吸引人的地方。根据应用特性，不同应用有不同的提高黏性的方法。例如，推送的最新农产品信息、美食要是大多数用户喜欢的。

3. 解决问题是关键

如果企业的 App 把盈利和快速致富凌驾于创造长期价值之上，那么该 App 的"寿命"就不会长久。而最好的长命方法就是，创建一个能解决别人痛点的应用，最后你会因为这个可以重复被使用的应用而受益良多。

4. 拓展更多的渠道

移动是许多行业中最重要的趋势，但不是唯一的渠道。当我们建立了一个好应用，更应该大幅撒网，拓展更多的渠道，与用户建立更长久的关系，才能保证应用在移动端的影响力更大。

5. 奖励机制，吸引客户驻足

随着 App 数量的增多和应用商店入口的集中，当下单个 App 获取用户的难度也越来越大，很多 App 不断地开拓新的渠道资源，引进新的入口流量，可见这种资源马上将要被耗尽了。从线下广告、电视广告到公交车身广告等，App 的推广范围越来越大，App 的广告无处不在，然而，我们在为 App 推广运营奋力"厮杀"的同时，忽略了最重要的一点，那就是奖励。

（1）积分

良好的奖励机制会让一个人更容易、更热忱关注一样东西，因为这是生物趋利性的本能。许多应用在刚开始时用户很多，第一天可能有一万个新用户，但是第二天留下多少，一千还是一百？总之，最终留下来的用户数量少得可怜。因此，一个好的 App 不仅要有好的用户体验，更重要的是需要营造一个能让用户更多去关注你的生态环境，从而让你的 App 进入一个用户持续增长的良性状态。

（2）任务

顾名思义，任务奖励就是通过完成 App 端指定的任务，比如下载、转发、注册、评论等来获得一定的奖励，包括优惠、返现、积分等。任务类的 App 更多的是平台化 App，比如为买卖双方提供供需平台；此外，还有平台任务类 App，比如完成 App 下达的任务后获得奖励。

据 App 客户端注册中心报道，手机上有很多好玩的东西，很多人也乐此不疲地刷屏，如果在刷屏的同时能赚点零花钱，相信很多人都不会拒绝。例如，微差事 App、点指成金等，就是几款不错的靠任务奖励来吸引用户的 App。

（3）互动体验

用户互动体验是一款 App 吸引用户的重要手段，纵观用户过亿的 App 应用，基本上都离不开这一点。用户从打开 App 的那一刻起，就带有或模糊或清晰的目的，商品设计就要满足用户在这种心理预期下的行为；而用户参与活动，往往是由于偶然的机会发现了活动入口，带着试一试的心态进入活动页面并最终参与，这就打断了用户原有的操作流程，带有一定的偶然性和侵入性。

对于消费类商品，主要通过抽奖、打折促销、送红包的形式刺激新老用户的活跃度，意在通过活动沉淀一些对商品营收有价值的用户。但是如果你不是主打廉价和折扣的话，此类活动不可过多，否则会抑制真正有消费意愿的忠实用户以及有潜在消费意愿的用户，长此以往有损于品牌在用户心中的形象。

公益活动主要是利用线上传播造势、收集内容，线下开展。

给用户一个分享的理由。有研究表明，71%的用户不愿分享内容，活动中我们最常用的手段就是通过物质奖品来激励用户分享，而这个分享的人数很大程度就依赖于奖品力度，属于外在动因。更为巧妙的方式，则是利用人性的弱点，从用户的自我实现、身份认同等角度在活动设计层面去驱动分享的内在动因。

【App 应用案例】

"农民信箱"是基于浙江农民信箱平台开发的一款移动智能终端应用软件。其中，政务信息、农业咨询、农技服务为该产品的三大特色。只要打开政务信息专栏，就可以了解全省最新的农业新闻。农民用户不仅可以获得近期全省市场农产品销售动态，对于农户阶段性投资生产农产品也有帮助。农技服务涵盖三项内容：咨询问答、产业团队和农技知识库。如果农户遇到农产品收成锐减、农产品高科技养殖等相关问题，产业团队及咨询问答两大板块的内容都会为用户提供最专业、最权威的解答。农技知识库为用户提供了季节性农产品种植、养殖知识。商务信息专栏是专为用户发布农产品买卖信息交流的服务平台。农户只需在该软件中注册账号，便可在相应的应用位置发布自家的特色产品，传播卖家信息，销售产品。

四、下载及安装

掌上农民信箱提供 Android、iOS 两种系统的应用程序。在浙江农民信箱网站，通过扫码即可下载 App 安装程序。

五、开始使用

App 下载安装后，在手机上显示的名称是"农民信箱"。打开应用后，注册后登录即可。

1. 首页

首页主要提供各业务功能的入口和展示部分信息，整体布局包括：顶部的图片新闻、中间功能区域、底部菜单区域。功能区域采用宫格布局，主要包括农技服务、政务信息、商务信息等业务功能；还有"快捷应用"，下面包括农技百科、技术团队、天气预报、审核、订阅、工作圈、应用中心等功能。轮播图下方根据个人登录信息展示一条重要的"每日一助或通知信息"。

审核：针对管理员提供的信息审核功能区域，目前包括政务信息、买卖信息的审核。只展示未审核的信息。

订阅：信息订阅设置、查看订阅信息。

应用：农民信箱相关的网站或 App 应用，推荐的其他生活服务应用（移动提供）。

2. 个人信件

实现手机上接收、阅读邮件，回复、发送新建邮件功能，所有用户都有个人信件功能，在首页触点进入。

3. 工作圈

实现手机上发布和阅读工作圈内容的功能，所有用户都有工作圈功能，在首页触点进入。

（1）工作圈列表

工作圈列表。展示用户有权限查看的工作日志列表：自己发布的日志、其他人开放的日志。

展示每条工作日志的发布人、发布时间、简要内容、缩略图。

展示每条工作日志的回复和点赞数量。

（2）查看工作日志

触点日志列表可查看工作日志详细内容，日志内容采用图文结合方式展示。

展示日志内容：发布人、发布时间、完整的日志内容、所有图片的缩略图。

查看图片：点击图片缩略图可以以大图形式查看。

查看回复：展示所有回复内容，包括回复人、回复时间、回复的内容。

提供回复日志的入口。

（3）回复工作日志

在查看日志时，触点底部"写评论"输入框，即可输入回复内容，发布评论。

（4）发布工作日志

在日志列表页面，触点右上角图标，进入写日志页面，每个用户都可以发布工作日志。

设置可见范围：日志发布范围默认是个人通信录范围，可以在个人通信录中选择部分联系人，也可以设置为私密（仅自己可见），触点"谁可以看"可以选择个人通信录可见、部分可见、私密：选个人通信录可见，则个人通信录中所有都可以看到；选择部分可见，则弹出个人通信录联系人清单，从清单中选择可以查看的人员，可多选；选择私密，则只有自己可见，其他人都不可见。

编与日志：日志内容支持文字编辑，触点"输入工作圈内容"区域即可编辑日志内容。

上传照片：触点底部的"田"图标，可以上传照片或拍照上传。

4. 政务信息

实现手机上政务信息的查询、查阅功能。所有用户都有政务信息功能，在首页触点进入。

（1）政务信息清单

支持多栏目列表，默认展示第一个栏目列表。

栏目选择：顶部栏目可以左右滑动展示更多的栏目，触点某个栏目文字即切换该栏目的列表。

列表中展示信息的标题、发布单位、发布人、发布时间等。

（2）查看政务信息详情

触点政务信息清单中某一条信息，能够在手机上展示政务信息详细内容。政务信息详情包含：标题、发布单位、发布人、发布时间、信息内容（包括图片和文字）。支持文字大小选择，能够选择信息内容显示字体大小。

5. 农技服务

实现在手机上向农业专家、产业团队咨询，查阅农技知识库的功能，所有用户都有此功能。在首页触点进入，包括三个模块：咨询问答、产业团队、农技知识库。

（1）咨询问答

包括对农技专家发起提问、查看我的提问、查看所有提问，以及专家对问题的回复或其他用户对问题的回复。支持问题搜索、问题筛选。在咨询问题列表触点底部"我要提问"按钮，进入问题起草页面，可以编辑问题进行提问。

（2）产业团队

进入农业咨询页面后，触点"产业团队"条目进入，包括查看产业团队专家、对产业团队发起提问、查看我的提问和所有提问，以及专家对问题的回复或其他用户对问题的回复。

（3）农技知识库

进入农业咨询页面后，触点"农技知识库"条目进入，查看和筛选农技知识列表，查看农技知识详细内容。

6. 商务信息

实现手机上发布买卖信息、查阅买卖信息、"每日一助"的功能，所有用户都有此功能，在首页触点进入，包括两个模块：买进和卖出。买进、卖出列表展示买进、卖出信息标题、发布人、发布时间；列表上拉到底部后，继续上拉，如果后面还有内容，将会自动翻页。

提供组合条件搜索。触点列表页面右上角搜索图标，进入搜索页面，通过设置搜索内容（标题关键字）、商品类别、地区、买进或卖出等条件进行综合搜索。

发布买卖信息。在买卖信息列表触点底部"发布信息"按钮，进入买卖信息起草页面，可以编辑买卖信息并发布。

7. "每日一助"

进入登录页面后，触点"每日一助"条目进入，查看"每日一助"信息。"每日一助"信息采用卡片清单的方式展示，在一个页面直观展示。支持翻页，信息上拉到页面底部后继续上拉即可翻页。

8. 在线聊天

在线聊天提供了个人及群组即时通信服务，满足点对点和群聊需求。用户可在通信录中选择对象并发起文字或语音聊天。

9. 订阅设置

实现手机上对各类信息订阅设置进行管理的功能，所有用户都有此功能，在首页触点进入。进入订阅页面后，展示当前订阅设置情况，目前订阅设置包括四类信息订阅："每日一助"信息服务订阅、天气预报信息服务订阅、农技服务信息服务订阅、买卖信息服务订阅。

订阅信息设置页面底部提供详细的订阅、退订说明。

10. 个人中心

个人中心主要展示个人信息，提供修改密码、反馈意见等操作。用户可以查看软件说明、版本更新，查看应用、下载二维码等。

第五章　农产品电子商务

第一节　农产品电子商务的基本概念

一、农产品电子商务的定义

所谓农产品电子商务就是指围绕农村的农产品生产、经营而开展的一系列的电子化的交易和管理活动，包括农业生产的管理、农产品的网络营销、电子支付、物流管理以及客户关系管理等。它是以信息技术和网络系统为支撑，对农产品从生产地到顾客手上进行全方位的管理的全过程。发展农产品电子商务具有全局性、战略性和前瞻性，与国家建设社会主义新农村的战略相一致。

通过网络平台嫁接各种服务于农村的资源，拓展农村信息服务业务、服务领域，使之兼而成为遍布乡、镇、村的"三农"信息服务站。作为农产品电子商务平台的实体终端直接扎根于农村服务于"三农"，真正使"三农"服务落地，使农民成为平台的最大受益者。

农产品电子商务平台配合密集的乡村连锁网点，以数字化、信息化的手段、通过集约化管理、市场化运作、成体系的跨区域跨行业联合，构筑紧凑而有序的商业联合体，降低农村商业成本、扩大农村商业领域、使农民成为平台的最大获利者，使商家获得新的利润增长点。

农产品电子商务服务包含网上农贸市场、数字农家乐、特色旅游、特色经济和招商引资等内容。一是网上农贸市场。迅速传递农、林、渔、牧业供求信息，帮助外商出入属地市场和属地农民开拓国内市场、走向国际市场。进行农产品市场行情和动态快递、商业机会撮合、产品信息发布等内容。二是特色旅游。依托当地旅游资源，通过宣传推介来扩大对外知名度和影响力。从而全方位介绍属地旅游线路和旅游特色产品及企业等信息，发展属地旅游经济。三是特色经济。通过宣传、介绍各个地区的特色经济、特色产业和相关的名优企业、产品等，扩大产品销售通路，加快地区特色经济、名优企业的迅猛发展。四是数字农家乐。为属地的农家乐（有地方风情的各种餐饮娱乐设施或单元）提供网上展示和宣传的渠道。通过运用地理信息系统技术，制作全市农家乐分布情况的电子地图，同时采集农家乐基本信息，使其风景、饮食、娱乐等各方面的特色尽在其中，一目了然。既方便城市百姓的山行，又让农家乐获得广泛的客源，实现城市与农村的互动，促进当地农民增收。五是招商引资。搭建各级政府部门招商引资平台，介绍政府规划发展的开发区、生产基地、投资环境和招商信息，更好地吸引投资者到各地区进行投资生产经营活动。

尽管农产品电子商务的发展条件日臻成熟，但建立和完善农产品电子商务不是一朝一夕能完成的工程，因此，农产品电子商务发展的道路任重而道远，还需要社会多方的共同努力。

二、农业电子商务的定义

农业电子商务是指利用互联网、计算机、多媒体等现代信息技术，为从事涉农领域的生产经营主体提供在网上完成产品或服务的销售、购买和电子支付等业务交易的过程。农业电子商务是一种全新的商务活动模式，它充分利用互联网的易用性、广域性和互通性，实现了快速可靠的网络化商务信息交流和业务交易。

农业电子商务同样应以农业网站平台为主要载体，为农业电子商务提供服务，或直接服务、完成、实现电子商务，或直接经营商务业务的过程。农业电子商务，是一个涉及社会方方面面的系统工程，包括政府、企业、商家、消费者、农民以及认证中心、配送中心、物流中心、金融机构、监管机构等，通过网络将相关要素组织在一起，其中信息技术扮演着极其重要的基础性的角色。在传统社会经济活动过程中，一直就存在两类经济活动形式：一个是企业之间的经济活动，一个是企业和消费者之间的经济活动。从经济活动来说，无论是企业之间，还是企业与个人之间，只存在两种经济活动内容：一种是提供产品，一种是提供服务。

CMIC 最新发布：在我国，电子商务概念先于电子商务应用与发展，网络和电子商务技术需要不断"拉动"企业的商务需求，进而引致我国电子商务的应用与发展。了解这一不同点是很重要的，这是我国电子商务发展的一大特点，也是理解我国电子商务应用与发展的一把钥匙。

电子商务日益广泛的应用显著地拉动第三产业的发展，创造了大量的就业和创业机会，并在促进中小企业融资模式创新、推进企业转型、建立新型企业信用评价体系等方面发挥了积极的作用。

电子商务具有更广阔的环境，那就是人们不受时间的限制，不受空间的限制，不受传统购物的诸多限制，可以随时随地在网上交易。在网上，这个世界将会变得很小，一个商家可以面对全球的消费者，而一个消费者可以在全球的任何一家商家购物。使用电子商务能够实现更快速的流通和低廉的价格，电子商务减少了商品流通的中间环节，节省了大量的开支，从而也大大降低了商品流通和交易的成本。如今人们越来越追求时尚、讲究个性，注重购物的环境，网上购物更能体现个性化的购物过程。

我国电子商务发展迅猛。据中国电子商务研究中心报告，2010年，我国网上零售额规模达5 131亿元，较2009年又翻了一番，约占社会商品零售总额的3%，B2C、C2C其他非主流模式企业数达15 800家，同比增长58.6%，预计2011年将突破2万家，网上零售用户规模达1.58亿人，个人网店数量达1 350万家，同比增长19.2%。预计未来两年内，我国网上零售市场将会步入全新台阶，突破1万亿元大关，占全社会商品零售总额的5%以上。

三、农村移动电子商务的定义

农村移动电子商务是指在建立农村移动电子商务平台的基础上，通过手机终端和农信通电子商务终端，建立起覆盖"县城大型连锁超市、乡镇规模店、村级农家店"的现代农村流通市场新体系，推进工业品进村、农产品进城、门店资金归集三大应用，实现信息流的有效传递、物流的高效运作、资金流的快捷结算，促进农村经济发展。以农产品进城为例，之前农产品的买方与卖方缺少信息沟通与交易的第三方中介，信息沟通与农产品交易不畅，推广农村移动电子商务后，农产品生产方（农户）与农产品购买方（城区超市）将建立起信息交互新模式，城区超市配送中心通过"农信通"电子商务终端向农村门店发出农产品收购需求，农村门店将信息发送到种养、购销大户手机上，确认采购意向后，再与城区超市配送中心确认订单，种养大户将相应农产品供应至农家店，城区超市配送中心在配送工业品的同时收购农产品返回城市。

第二节　农产品电子商务主要模式

一、B2B模式

企业对企业（Business-to-Business，即B2B），是指企业与

企业之间电子商务营销关系，它将企业内部网通过 B2B 网站与客户紧密结合起来，通过网络的快速反应，为客户提供更好的服务，从而促进企业的业务发展。B2B 模式的农产品交易网站大多为专门的农业网站，专业性较强，主要进行大宗农产品销售。B2B 模式主要赢利方式包括会员费、广告费、竞价排名、增值服务、线下服务、商务合作等。

B2B 模式代表网站有以下三个。

1. 阿里巴巴

阿里巴巴，http：//www. 1688. com。国内消费品行业第一、工业品行业第二，连续五年被评为全球最大的 B2B 网站。阿里巴巴优势明显，用户覆盖数和访问指数远超过其他几个电子商务网站，为中国电子商务行业的"老大"。

2. 慧聪网

慧聪网，http：//www. hc360. com。国内贸易行业第二大的中文 B2B 网站，国内工业品排名第一、工艺品行业排名第二，目前服务 200 万家会员。慧聪网是国内唯一一家可以和阿里巴巴竞争的内贸网站。

3. 中国制造网

中国制造网，http：//cn. made-in-china. com。中国制造网是一个中国产品信息荟萃的网上世界，面向全球采购商提供高效可靠的信息交流与贸易服务，为中国企业与全球采购商创造各项商机，是国内中小企业通过互联网开展国际贸易首选 B2B 网站之一，也是国际有影响的电子商务平台。

二、B2C 模式

企业对消费者（Business-to-Consumer，即 B2C），即"商对客"，是电子商务的一种模式，也就是通常所说的商业零售，直接面向消费者消费产品和服务。这种形式的电子商务一般以网络零售业为主，主要借助于互联网开展在线销售活动，它是现行农产品电子商务最为流行的一种模式。

（一）B2C 网站的主要功能

①商品的展现，告诉消费者网站主要卖什么东西，价钱是多少。

②商品查找，用户通过输入商品名称、类型可以快速找到自己想要的东西。

③购物车添加和查看，告诉用户自己挑选的东西有哪些。

④配送的方法，告诉用户如何才能把网上买的东西拿到手，比如自提（自己去指定提货点提取）、物流配送（选择相应的快递进行配送）等。

⑤订单的结算和支付，告诉用户应该付多少钱和付款方式，比如可以支付宝或者网络银行直接支付，有些可以选择货到支付。

⑥注册登录，用户只有登录后才能购买。

⑦其他包括帮助信息、规章、联系方式、客服等。

⑧B2C 网站的主要赢利模式，销售本行业的产品、销售衍生行业产品、产品租赁、产品拍卖、特许加盟、上网服务、广告费、咨询服务等。

（二）B2C 模式具有代表性的网站

1. 天猫

天猫，http：//www.tmall.com。天猫是一个综合性购物网，是马云淘宝网全新打造的 B2C 商城，其整合数千家品牌商、生产商，为商家和消费者之间提供一站式解决方案。提供 100% 品质保证的商品、7 天无理由退货的售后服务，以及购物积分返现等优质服务。

2. 京东

京东，http：//www.jd.com。中国最大的自营式电商企业，在线销售计算机、手机及其他数码产品、家电等15大类4 020万种优质商品，旗下设有京东商城、京东金融、拍拍网、京东智能、O2O。

3. 亚马逊

亚马逊，http：//www. amazon. com。美国最大的一家网络电子商务公司，位于华盛顿州西雅图，是最早开始经营电子商务的公司之一。初期只经营网络数据销售业务，现在则扩展各类商品，成为全球商品品种最多的网上零售商和全球第二大互联网公司。

4. 当当

当当，http：//www. dangdang. com。国内领先的B2C网上商城，以图书零售起家，已发展成为领先的在线零售商、中国最大图书零售商和第三方招商平台。

5. 1号店

1号店，http：//www. yhd. com。国内最大的B2C食品电商网站，开创了中国电子商务行业"网上超市"的先河。2013年7月11日是店庆日，1号店单日流量突破了1 000万，1号店注册用户突破4 000万，晋升中国电商前三甲。2016年6月，"1号店"被京东收购。

三、C2C模式

个人对消费者（Consumer-to-Consumer，即C2C），是个人与个人之间的电子商务，比如一个消费者有一台电脑，通过网络进行交易，把它出售给另外一个消费者，此种模式称为C2C模式，C2C模式是现在农产品电子商务交易的主要模式。

C2C赢利模式包括会员费、交易提成、广告费、搜索竞价排名、支付环节收费等。

C2C模式代表网站主要有以下两个。

1. 淘宝网

淘宝网，http：//www.taobao.com。亚太地区较大的网络零售商圈，是由阿里巴巴集团投资创立。淘宝网现在的业务跨越C2C、B2C 两大部分，是中国深受欢迎的网购零售平台，拥有近5 亿的注册用户数，每天有超过6 000万的固定访客，同时每天的在线商品数已经超过了 8 亿件，平均每分钟售出 48 万件商品。随着淘宝网规模的扩大和用户数量的增加，淘宝也从单一的 C2C 网络集市变成了包括 C2C、分销、拍卖、直供、众筹、定制等多种电子商务模式在内的综合性零售商圈。

2. 易趣网

易趣网，http：//www.eachnet.com。易趣网秉承帮助任何人在任何地方能实现任何交易的宗旨，为卖家提供网上创业、实现自我价值的舞台。易趣网不仅拥有品种繁多、价廉物美的国内商品资源，更推出方便、快捷、安全的海外代购业务，带来了全新的购物体验。

四、模式

线上对线下（Online-to-Offline，即 O2O），是指将线下的商务机会与互联网结合，让互联网成为线下交易平台。O2O 的概念很广泛，只要产业链交易中涉及线上、线下，就可通称为 O2O。

O2O 模式代表网站主要有以下两个。

1. 美团网

美团网，http：//www.meituan.com。美团网倡导每天团购一次，为消费者发现最值得信赖的商家，让消费者享受超低折扣的优质服务，为商家找到最合适的消费者，给商家提供最大收益的互联网推广，使消费者能享受到最全面的团购资讯服务。

2. 拉手网

拉手网，http：//www.lashou.com。拉手网是中国内地最大的团购网站之一。拉手网每天推出一款超低价精品团购，使参加团购的用户以极具诱惑力的折扣价格享受优质服务。

第三节　第三方电商平台的应用

一、电商开放平台

电商开放平台是指按照特定的规范为买卖交易双方提供服务，内容包括供求信息的发布、商品信息搜索、买卖关系的建立、在线支付、物流配送等。

（一）第三方电商平台

1. 第三方电商平台的分类

第三方电商平台按照其业务范围、服务地域范围及其他一些标准，可以划分为不同的类型。

按照业务范围可以分为专业性第三方电商平台和综合性第三方电商平台。专业性第三方电商平台只专注于某一个行业；综合性第三方电商平台涉及的行业往往比较广泛，不拘泥于某个固定行业，有规模效应。

按照地域范围可以分为地方性第三方电商平台和全球性第三方电商平台。地方性第三方电商平台主要服务于一个国家或地区；全球性第三方电商平台顾名思义服务于全球的不同国家和地区，相比地方性第三方电商平台涉及的问题更为复杂。

从功能角度可以分为全程电商平台和部分电商平台。全程电商平台能够全面参与或解决交易双方的信息流、资金流、物流等主要环节，其主要特点就是功能全面，而且平台上的辅助功能或者说辅助性业务单元较多，甚至可以与企业内部的管理系统（如 ERP 系统）相对接。部分电商平台一般不会全程参与到交易双方的业务中去，仅仅为买卖双方提供交易活动中的某些特定服务。

从商业模式角度可以分为 B2B 第三方电商平台和 B2C 第三方电商平台。前者主要为采购方和供应方提供在线交易服务；后者则为广大的零售商和终端消费者提供在线网购服务。

2. 第三方电商平台的盈利模式

主要包括以下几种。

①会员年费。企业通过第三方电商平台参与电子商务交易，必须注册为 B2B 网站的会员，且每年要交纳一定的会员年费，只有这样才能享受网站提供的各种服务。目前会员费已成为我国 B2B 网站最主要的收入来源。

②交易佣金。根据事先的约定，当平台上的商家实现销售后，要向第三方平台支付交易佣金，通常按照交易额的百分比来收取。

③广告费。网络广告是门户网站的主要盈利来源，根据其在首页的位置及广告类型来收费。

④竞价排名。企业为了促进产品的销售，都希望在第三方电商平台上的信息搜索中排名靠前，而网站在确保信息准确的基础上，根据会员交费的不同对排名顺序做出相应的调整。

⑤增值服务。第三方电商平台除了为企业提供常规供求信息以外，还会提供一些独特的增值服务，包括企业认证、独立域名、提供行业数据分析报告、搜索引擎优化等。

⑥线下服务。线下服务主要包括展会、期刊、研讨会等。通过展会，供应商和采购商面对面地交流，一般的中小企业比较青睐这种方式。期刊主要是关于行业资讯等信息，期刊里也可以植入广告。

（二）国内几个知名的电商开放平台

1. 京东商城开放平台

京东商城是由北京京东世纪贸易公司提供技术支持和服务的电子商务平台网站（图 5-1），网址为 www.jd.com。京东商城开放平台（POP）是指京东商城向商家提供服务的特定空间，是京东商城网上交易平台的一部分。京东商城开放平台将物流、营销、仓储等京东电商业务的各信息系统和数据对外开放，以API接口的形式将合作商家、电商服务商以及其他合作伙伴的系统、应用、数据与京东实现对接，帮助合作伙伴提高效率和业绩，降低运营成本。

图 5-1

加入京东开放平台的商户可以借助京东的一系列服务，包括仓储、配送、客服、售后、货到付款、退换货、自提货等，给消费者提供好的网购体验，同时也可以进一步削减自建服务体系的成本。

2. 天猫开放平台

2008 年 4 月，淘宝成立 B2C 事业部，即淘宝商城；2012 年 1 月 11 日，淘宝商城正式更名为"天猫"（图 5-2）。天猫从一开始就定位为 B2C 平台模式。目前天猫平台上聚集了包括营销、客服、管理、物流等大量第三方服务商，它们与商家一起完成了对消费者的服务。

图 5-2

3. 苏宁开放平台

2013 年，苏宁全面整合 20 多年打造的线下连锁、线上电商、物流、服务、金融、信息、广告、海量用户等商业资源，以行业最优的政策向社会各界合作伙伴全面开放，打造全新的开放平台模式，面向用户提供高品质、优服务、更放心的新型消费模式（图 5-3）。

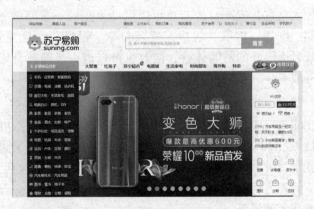

图 5-3

二、实战指引

在平台的选择上无外乎两种：自建平台和借助第三方平台。自建平台和第三方平台虽然各有优势，但是考虑到当前电子商务的实际以及自建平台的技术要求和资金要求，更多的企业采用第三方网络销售平台的方式。借助第三方平台既可降低项目启动的资金压力，又可加快启动网络营销的进程。

下面是商家在线入驻京东商城操作步骤详解。

（一）商家注册

注册京东"个人用户"账户登入商家在线入驻系统，如图 5-4 所示。

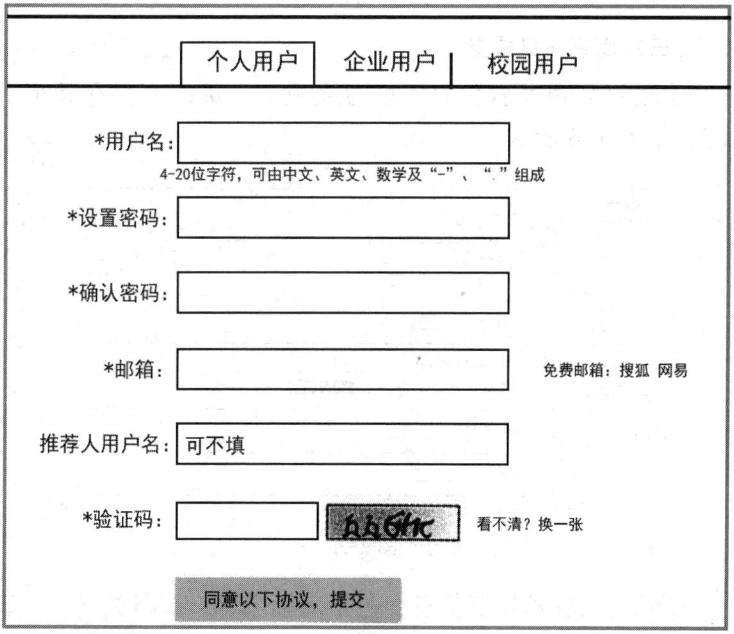

| 个人用户 | 企业用户 | 校园用户 |

*用户名：
　　4-20位字符，可由中文、英文、数学及"-"、"."组成

*设置密码：

*确认密码：

*邮箱：　　　　　　　　　　　　　免费邮箱：搜狐 网易

推荐人用户名：可不填

*验证码：　　　　　　 看不清？换一张

同意以下协议，提交

图 5-4

(二) 签署在线协议

勾选"我已阅读并同意以上协议",单击"下一步",进入商家信息提交环节,如图5-5所示。

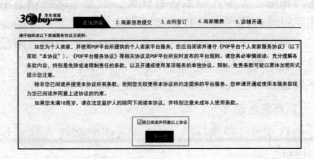

图 5-5

(三) 商家信息提交

①填写公司经营信息,填写完成后,单击"保存并下一步",如图5-6所示。

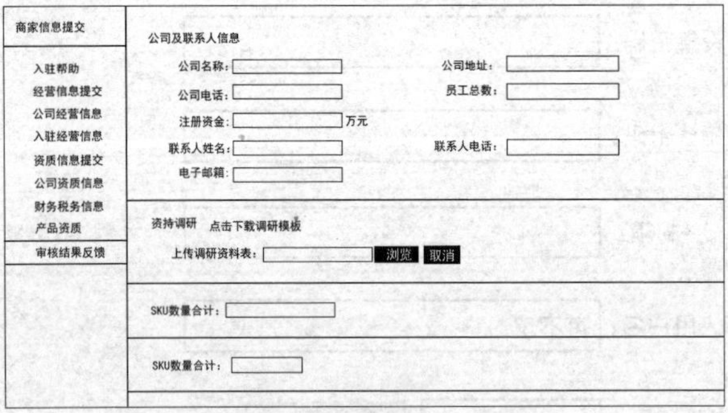

图 5-6

②填写入驻预经营信息,包括店铺名称、主营类目、详细经营类目、经营品牌等信息,填写完成后单击"保存并下一步",如图5-7所示。

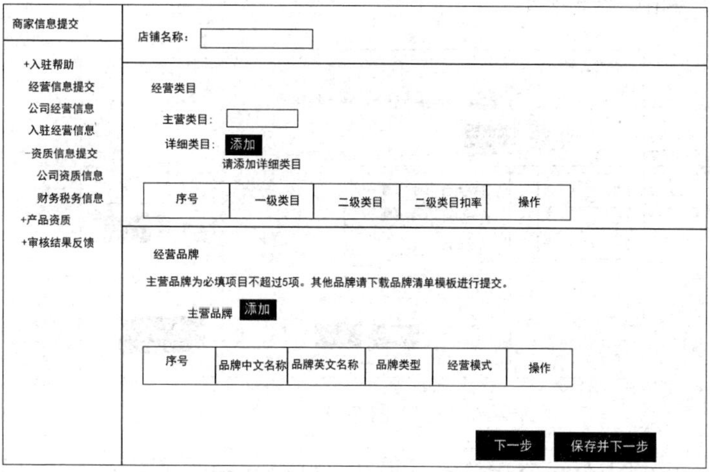

图 5-7

③选择详细类目，单击"添加"按钮，在弹出的提示框中选择一级类目及对应的二级类目，如图 5-8 所示。

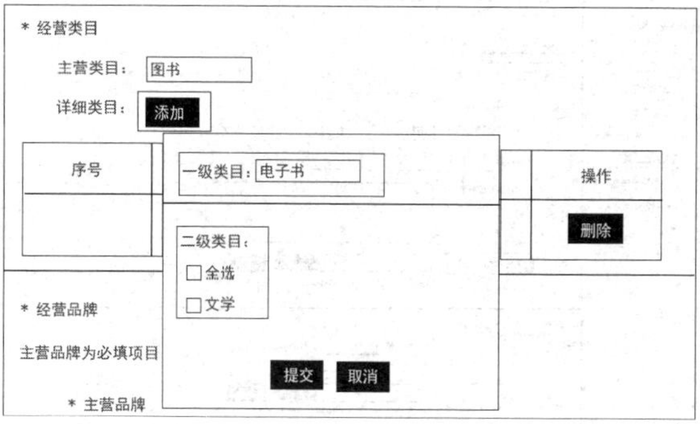

图 5-8

④提交经营品牌。单击"添加"按钮，选择品牌类型、经营模式，填入中英文品牌名称（中英文品牌名称必须填写），最多可填入 5 个品牌，如有其他品牌，下载品牌清单模板进行提

交，如图 5-9 所示。

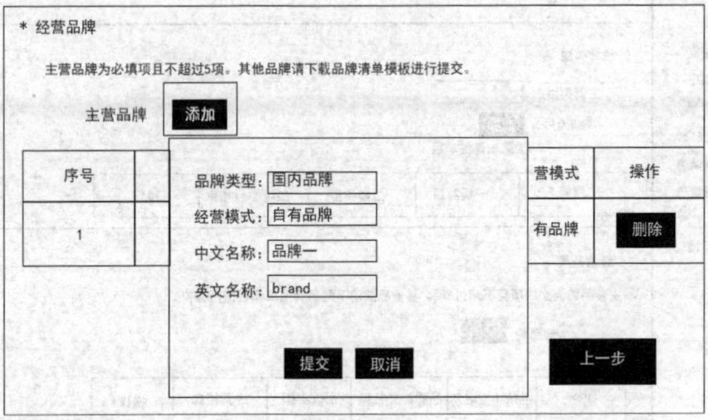

图 5-9

⑤提交公司资质信息。提交入驻公司完善的公司资质及资质电子版，包括公司营业执照信息、组织机构代码证、一般纳税人证明（均需加盖企业公章并保证图片清晰），提交完成后单击"保存并下一步"，如图 5-10 所示。

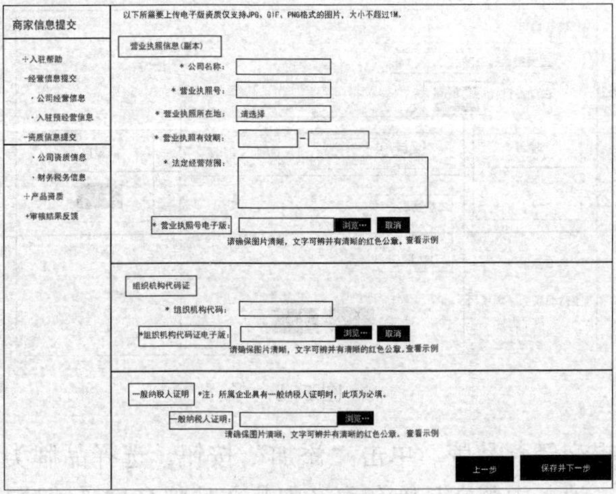

图 5-10

⑥提交公司财务及税务信息。提交公司财务及税务资质及资质电子版，包括开户银行许可证及税务登记证（均需加盖企业公章并保证图片清晰），提交完成后单击"保存并下一步"，如图5-11所示。

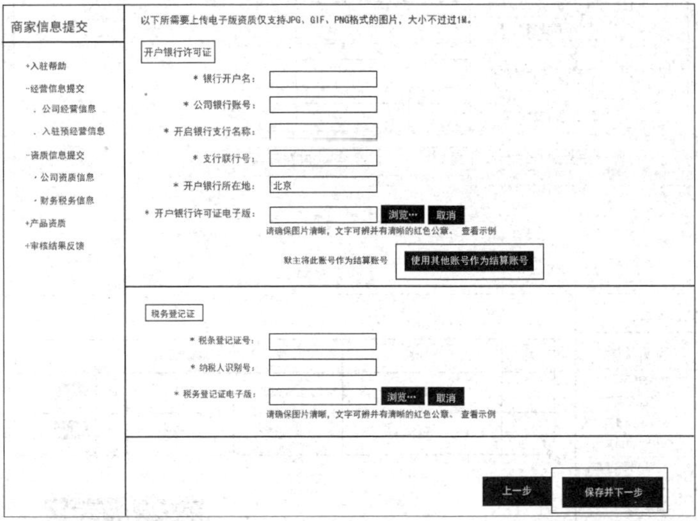

图 5-11

开户银行默认作为商家结算银行账号，商家可以选择使用其他银行账号进行结算，但必须保证账号开户名与公司名称相同，单击"使用其他账号作为结算账号"即可录入其他结算账号，如图5-12所示。

⑦上传产品资质。提交公司所经营品牌对应的资质及电子版，包括品牌资质及品牌对应的产品资质（均须加盖企业公章并保证图片清晰）。

提交公司财务税务信息后，进入产品资质提交页面，如图5-13所示。

单击"上传"按钮进入与品牌相关的资质提交页面，其中

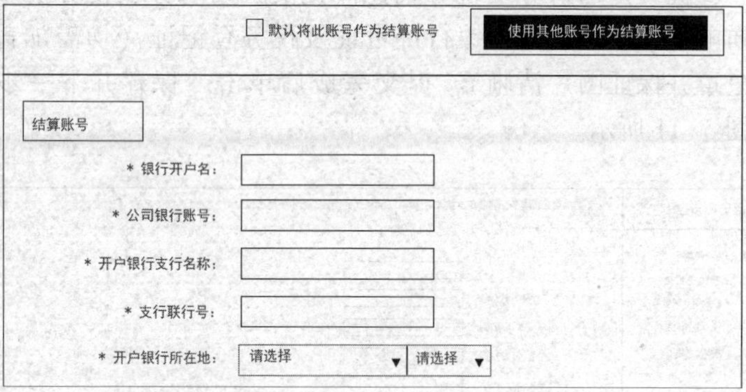

图 5-12

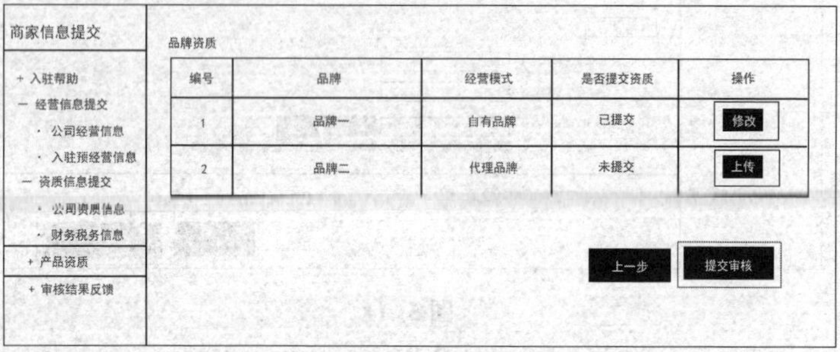

图 5-13

品牌资质及经营分类对应的必备资质为必填项。

上传品牌资质，包括资质电子版及资质到期时间；选择此品牌对应的经营分类，并上传相应的必备资质，如有其他资质也可在线提交。

上传完成后，单击"保存"按钮，如图 5-14 所示。

⑧资质上传完成后，品牌资质状态会变为"已提交"，如图 5-15 所示。只有当所有品牌资质状态均为"已提交"时，方可提交审核，提交审核后等待京东审核且信息不可修改。

⑨等待审核反馈，请及时登录系统查看审核进度，如

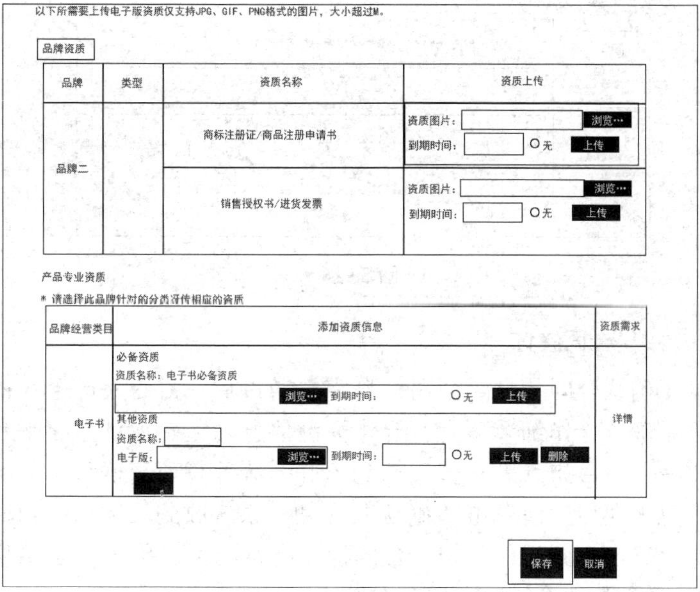

以下所需要上传电子版资质仅支持JPG、GIF、PNG格式的图片，大小超过M。

品牌资质

品牌	类型	资质名称	资质上传	
品牌二		商标注册证/商品注册申请书	资质图片：	浏览…
			到期时间： ○无	上传
		销售授权书/进货发票	资质图片：	浏览…
			到期时间： ○无	上传

产品专业资质

* 请选择此品牌针对的分类浮传相应的资质

品牌经营类目	添加资质信息	资质需求
电子书	必备资质 资质名称：电子书必备资质 浏览… 到期时间： ○无 上传 其他资质 资质名称： 电子版： 浏览… 到期时间： ○无 上传 删除	详情

保存　取消

图 5-14

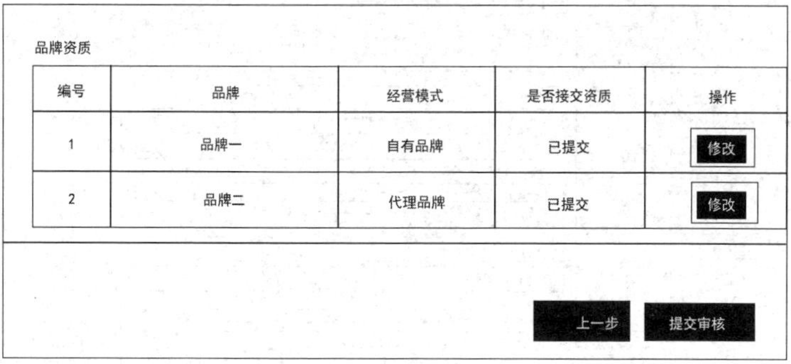

品牌资质

编号	品牌	经营模式	是否接交资质	操作
1	品牌一	自有品牌	已提交	修改
2	品牌二	代理品牌	已提交	修改

上一步　提交审核

图 5-15

图 5-16所示。

图 5-16

（四）合同签订

①确认合同信息。公司信息审核通过后，招商人员会与商家联系确认合作细节事宜，合作关键信息（包括保证金、平台使用费、类目扣点等）会反馈到入驻系统等待商家确认，如确认信息无误后，请单击"确认"按钮；系统收到反馈后，招商人员会寄出合同文件。如对合同信息有疑问可以单击"申请修改"，等待修改合同信息后二次确认，如图 5-17 所示。

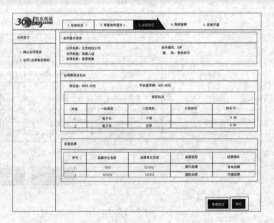

图 5-17

②合同/资质寄回。商家收到合同文件后，确认合同细节并

签字盖章，同时按照系统提示寄回京东所要求的各类纸质资质文件（均须加盖企业公章并保证内容清晰可辨），如图5-18所示。收到商家寄回的资料后，京东工作人员会尽快进行复审，审核通过后，即可进入缴费环节。

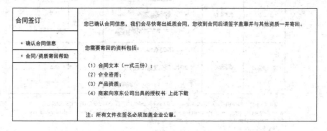

图5-18

（五）商家缴费

①商家缴费。商家根据系统提示进行缴费，如图5-19所示。

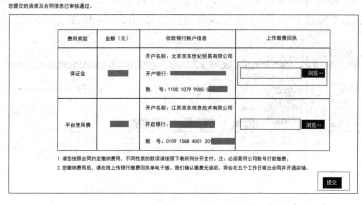

图5-19

②上传缴费回执单。商家缴费完成后，上传相应的缴费回执单电子版，以便京东工作人员进行财务确认，如图5-20

所示。

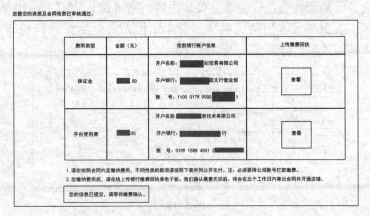

图 5-20

(六) 店铺开通

商家缴费经京东财务确认无误后，京东工作人员会开通商家店铺并寄回合同供商家留存，此时商家登录入驻系统后，即可进入商家后台进行相关运营操作，如图 5-21 所示。

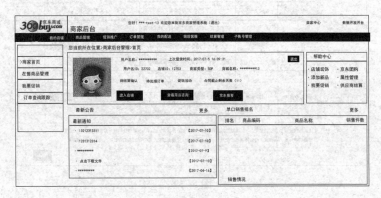

图 5-21

第四节　团购平台应用

一、团购平台的概念

(一) 团购电商模式

团购就是团体购物，是指认识或不认识的消费者联合起来，提升与商家的谈判能力，以求得最优价格的一种购物方式。根据薄利多销的原理，商家可以给出低于零售价格的团购折扣和单独购买得不到的优质服务。团购作为一种新兴的电子商务模式，通过消费者自行组团、专业团购网站、商家组织团购等形式，提升用户与商家的议价能力，并极大程度地获得商品让利，引起消费者及业内厂商甚至是资本市场的关注。

网络团购也称为 B2T (Business to Team)，最早起源于美国的 Groupon，在国内始发于北京、上海、深圳等城市，并迅速在全国各大城市发展起来，成为众多消费者追求的一种现代、时尚的购物方式。它有效防止了不成熟市场的暴利、个人消费的盲目，抵制了大众消费的泡沫。

团购导航网站团 800 公布的数据显示，2015 年 1—6 月中国团购成交额达到 769.4 亿元，单期成交额已连续保持 5 个月正增长势头，6 月单月团购达 167.4 亿元，环比增长 14 亿元，增幅为 9.1%，参团人数达 2.5 亿人次。

(二) 团购的功能

从商家的角度分析，网络团购既适合新产品的推荐，也适合尾货的清仓，同时也是商家品牌营销的方式之一。

1. 广告功能

企业拨出一部分原有的广告预算来做团购促销，是一种快速建立品牌认知度且很有效率（而且可以量化）的方法，特别是在一个新的市场。比如，企业在另一个地区开设分店，可以利用团购作为市场的启动策略，快速提升分店的客流量。

2. 清库存

如果企业原本就准备降价销售清理库存，团购就成为一个很合适的手段。

3. 平衡销售

如果企业的经营有明显的淡旺季之分，那么发起团购就是平衡淡旺季销售的一个好策略。淡季的团购促销会吸引新的顾客，或者用来回馈老顾客在旺季时对企业的支持。

(三) 国内几个知名的团购网站

1. 美团

美团网成立于 2010 年 3 月，为消费者发现最值得信赖的商家，让消费者享受超低折扣的优质服务；为商家找到最合适的消费者，给商家提供最大收益的互联网推广（图 5-22）。

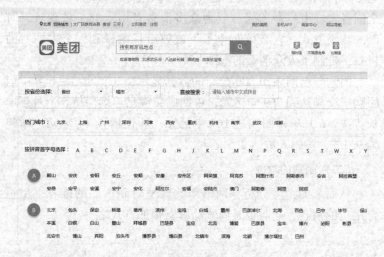

图 5-22

2. 大众点评网

大众点评网于 2003 年 4 月成立于上海。大众点评是中国领先的本地生活信息及交易平台，也是全球最早建立的独立第三方消费点评网站。大众点评为用户提供商户信息、消费点评及消费优惠等信息服务，同时亦提供团购、餐厅预订、外卖及电子会员卡等 O2O（Online to Offline）交易服务（图 5-23）。大众点评是国内最早开发本地生活移动应用的企业，目前已经成长为一家移动互联网公司。大众点评移动客户端已成为本地生活必备工具。

图 5-23

3. 百度糯米

原糯米网定位于"本地精品生活指南"，为商家创造"精准营销平台"，是社交化电子商务领域中的"精品版"，实现用户、商家和网站的三赢局面。百度和糯米深度整合后，百度糯米通过品牌和服务双升级，承诺为消费者提供"省钱更省心"的团购服务，通过大幅度的让利为用户省钱，无后顾之忧的服务让用户省心，为移动互联网时代的人们带来一种生活方式的全新体验（图5-24）。

图 5-24

二、团购平台应用

（一）商家参与团购的流程

1. 分析商品是否适合团购

不是所有的企业和商品都适合做团购，所以企业应首先分析自己的商品是否适合团购。通常我们可以从以下几个方面来分析一款商品是否适合做团购。

①是否存在大量的市场需求；

②是否具备一定的品牌影响力，品牌商品适当的折扣就会让消费者趋之若鹜；

③是否属于高毛利商品，因为消费者选择团购一个很重要的原因就是价格实惠。

2. 确定商品信息

一次团购应该推出哪款商品、如何定价、货源组织等都是需要充分考虑的问题。例如，备多少货是个很复杂的事情。备货多了，资金会积压，备货少了，补货会不会很难，如果很难，则会影响销售。所以，正式开团之前需要有一个合理的预估。预估的准确与否主要取决于团购网站的能力强弱和自身产品是否受欢迎。

3. 联系团购网站发布团购信息

团购网站的选择要视产品情况而定。例如餐饮、娱乐、美容等，应该联系在本地有较大客源和影响力的团购网站，而食品、服饰、酒店等则应该考虑推广渠道更为广泛的大型团购网站。选定团购网站后，确认团购产品，签订团购合同。

4. 发货前的准备

团购开始后，要派专人负责售前服务，如果是实物商品应开始为发货做好各项准备，包括联系快递公司、准备商品的包装材料、备用人员等。

5. 发货

什么时候开始发货？很多团购网站的合同都是要求"团购完三天内发货"，但是如果真的按照既定的时间发货，一旦遇上特别大的团购量就无法完成及时发货，所以，尽量要从拿到数据的那一刻，就开始打单发货。发货这一环节需要特别注意：一是避免发错货；二是把好商品品质关。商品快递发出后，一旦出现质量问题，售后的压力会很大，而且处理不好还会影响品牌在市场上的声誉。

6. 售后服务

一个企业没有准备好团购商品和服务就去面对一次突然的客流高峰，很可能会破坏品牌的顾客体验。而一款特意打造的团购商品，如果被批得一文不值，这无疑是负面营销，花费了大量人力、物力，比不营销还惨，所以团购的售后服务也很重要。

首先，团购售后服务要注意部分"刺头客户"，这部分人对产品很挑剔，一定要把他们的意见解决好，否则对企业的不利言论一旦在网上传播将会给企业带来难以预料的后果。其次，退货或者换货问题要严格按照《消费者权益保护法》等法律及企业事先的承诺及时处理。此外，还有一些突发的问题应该要安排专人负责处理。

(二) 商家在线向团购网申请合作

本部分以大众点评网为例（其他团购网站操作流程大致类似）来说明合作流程，如图 5-25 所示。

(a) 登录"大众点评团"

(b) 合作流程

图 5-25

第一步：在大众点评网提交商家的合作意向。

第二步：点评网审核合作意向（10 天内完成）。

第三步：根据商家提供的电话或者邮件进行反馈与沟通。

第五节　自建营销平台

一、自建营销平台的优势

（一）企业网站建设

企业网站是企业在互联网上进行网络营销和形象宣传的平台，在数字化时代的进化过程中，无论是一家大型跨国公司还是中小型专业公司，在 Internet 上建立自己的网站都是十分必要的。建立一个网站可以立即享受到诸如抢占网络商机、提升公司形象、加强客户服务、降低成本、提高效率等好处，这些都是现代企业经营的制胜之道。

网站开发的前期工作规划是一个非常重要的环节，在网站建设过程中为了能使网站达到预期的理想效果，企业在建设网站前应该根据自身的需要，做好企业网站的计划、定位等方面的前期准备工作。根据不同需要，网站的功能会有很大的不同，有的仅仅是为了发布公司信息，有的是为了开展网上订货等商务活动，但基本上都是为企业自身服务。

1. 网站是网络时代企业的品牌形象载体

网站以其方便、快捷和低成本的优势正迅速被所有有远见的企业所接受。网站也正在成为如同电话、传真一样普遍的工具，成为企业宣传品牌、展示服务与产品乃至进行所有经营互动的平台和窗口。客户如果想了解某个企业的情况与产品，已经从以前的"打个电话去问一下"发展到"先上网看一看"的这样一个步骤。如果企业连网站都没有，即使这个企业发展良好，大家也会先入为主地认为这个企业没有实力。可见，网站对于一个企业已经具有某种象征性的意义。

2. 企业网站具有自主性和灵活性

企业网站完全是根据企业本身的需要建立的，并非由其他网络服务商所经营，因此在功能上有较大的自主性和灵活性。也正因为如此，每个企业网站的内容和功能会有较大的差别。企业网站效果如何，主动权掌握在自己手里，但其前提是对企业网站有正确的认识。这样才能适应企业营销策略的需要，并且从经济上、技术上有实现的条件。因此，企业网站应适应企业的经营需要。

3. 网站建设是网络营销策略的重要组成部分

企业网站是一个综合性的网络营销工具，这就决定了企业网站在网络营销中的作用不是孤立的，不仅与其他营销方法具有直接的关系，也构成了开展网络营销的基础。有效地开展网络营销离不开企业网站功能的支持，网站建设的专业水平也直接影响着网络营销的效果，表现在品牌形象、在搜索引擎中被检索到的机会等多个方面。

（二）企业网站的基本类型

1. 信息手册型网站

信息手册型网站主要面向客户或者企业产品或者服务的消费群体，内容以宣传企业的核心品牌形象或者主要产品及服务为主。这种类型的网站无论从目的上还是功能上都像是传统纸制媒介的网络版。

2. 销售服务型网站

销售服务型网站主要面向供应商、客户或者企业产品（服务）的消费群体，提供在线交易或其他服务。根据不同行业和企业的特点，它可以只涉及部分交易环节，也可以是整个交易过程。

（三）网站的基本功能

1. 品牌形象展示

网站的形象代表着企业的网上品牌形象，因为人们在网上了解一个企业的主要方式就是访问该公司的网站。网站建设的专业与否直接影响企业的网络品牌形象，同时也对网站的其他功能产生直接影响。

2. 产品/服务展示

顾客访问网站的主要目的之一就是对公司的产品和服务进行深入的了解，而企业可以通过文字、图片、视频等多媒体信息生动形象地向用户展示自己的产品和服务。

3. 信息发布

网站是一个信息载体，企业可以通过网站发布公司信息、产品信息、服务信息、促销信息、销售信息等。

4. 顾客服务

通过网站可以方便地为顾客提供各种在线服务和帮助，比如为顾客提供产品选购和保养知识、常见问题解答、即时沟通等。

5. 顾客关系

通过网络社区、有奖竞赛等方式吸引顾客参与，不仅可以起到产品宣传的目的，而且有助于增进顾客关系。

6. 网上调查

市场调研是营销工作不可或缺的内容，企业网站为网上调查提供了方便而廉价的途径。通过网上在线调查表或者电子邮件论坛、实时信息征求顾客意见等，可以获得有价值的用户反馈信息。

7. 资源合作

资源合作是一种特色性的网络营销手段。为了获得更好的网上推广效果，需要与供应商、经销商、客户网站以及其他内容、功能互补或者相关的企业建立资源合作关系，实现资源共享到利益共享的目的。

8. 网上销售

建立网站及开展网络营销活动的目的之一是增加销售。一个功能完善的网站本身就可以完成订单确认、网上支付等电子商务功能，即企业网站本身就是一个销售渠道。

二、自建营销平台的操作

（一）营销型网站的规划

网站规划是指在网站建设前对市场进行分析，确定网站的目的和功能，并根据需要对网站建设中的技术、内容、费用、测试、维护等做出规划。网站规划对网站建设起到计划和指导的作用，对网站的内容和维护起到定位作用。

1. 明确网站建设的目的

企业建站前应该明确自己的网站是用来做什么的，网站要达到什么样的营销目的。建设网站的目的对网站的计划和实施具有决定性的作用，所以在建设网站前就应重视起来。

企业建设网站的目的要根据企业的发展方向而定，明确是为了宣传产品、树立形象，还是为了方便与供应商、客户的信息交流，甚至是专门用来开展电子商务活动。这些问题明确后，企业网站的服务对象也就基本确定下来了。

2. 网站功能规划

网站的基本功能包括企业形象展示、产品/服务展示、信息发布、顾客服务、顾客关系维护、网上调查、资源合作、在线销售等。在考虑网站基本功能的基础上，网站功能规划还可以参考同行业公司的网站。总之，网站的功能规划要始终围绕企业网站建设的目的来展开。

3. 确定网站风格

"风格"是抽象的，是指站点的整体形象给浏览者的综合感受。这个"整体形象"包括站点的 CI（标志、色彩、字体、标语)、版面布局、浏览方式、交互性、文字、语气、内容价值等诸多因素。网站可以是平易近人或者生动活泼的，也可以是专业的、严肃的。不管是色彩、技术、文字、布局，还是交互方式，只要能由此让浏览者明确分辨出这是网站独有的，这就形成了网站的"风格"。

风格是有人性的，通过网站的色彩、技术、文字、布局、交互方式可以概括出一个站点的个性：是粗犷豪放的，还是清新秀丽的；是温文儒雅的，还是执着热情的；是活泼易变的，还是墨守成规的。在明确自己想给人以怎样的印象后，要找出网站中最有特色的东西，就是最能体现网站风格的东西，并以它作为网站的特色加以重点强化、宣传。总之，风格的形成不是一次即成的，企业可以在实践中不断强化、调整、改进。

4. 网站内容规划

中国互联网络信息中心的统计报告指出，一个成功的企业网站所具备的最主要因素是"信息量大、更新及时、有吸引人的服务，并且速度较快"。其中，网站内容是网站的根本之所在，它左右着网站流量。"内容为王"依然是网站成功的关键。

根据网站建设的目的和功能规划网站的内容，一般企业网站应包括公司简介、产品介绍、服务内容、价格信息、联系方式、网上订单等基本内容。电子商务类网站要提供会员注册、详细的商品服务信息、信息搜索查询、订单确认、付款、个人信息保密措施、相关帮助等。

网站的内容组织可事先对人们希望阅读的信息进行调查，并在网站发布后调查人们对网站内容的满意度，以便及时调整网站内容。

5. 域名申请

一个好的域名是企业的品牌，不仅便于用户记忆，而且能增加网站的推广力度，所以客户选择域名的时候一定要细心、耐心、用心。在国内，如果企业没有特殊的要求，最好申请

.com（国际域名）和.cn（中国域名）。

域名申请可以向域名注册商或者其他正规的域名代理服务机构申请，国内比较出名的有新网、万网等。

6. 网站的开发方式

网站开发可以有不同的方式，如果企业自己有能力的话，可以自己进行开发。如果条件受到限制，企业也可以找专业的网站开发公司为自己提供服务。

7. 网站维护计划

网站发布后要对服务器及相关软硬件进行维护，对可能出现的问题进行评估，制订响应计划。此外，还要持续更新和调整网站的内容。所以，网站规划自然应该将网站的维护制度化、规范化。

（二）企业网站外包开发流程

企业要结合自身情况和行业环境，决定是自建网站还是外包给专业的开发公司。如果受条件限制，小小企业可以选择外包的方式，这样可以省去招聘专业网站设计制作人员的费用。但在选择外包公司时要认真考察，要尽可能地多了解外包公司的设计制作能力和信誉。还需要注意域名、虚拟主机的选择。以下是企业网站外包开发的流程。

1. 咨询网站开发解决方案

企业提出自己对于网站建设的基本要求，如网站建设的目的、网站基本功能需求、栏目设置、网站风格等。

2. 外包服务公司提供"解决方案和报价"

根据企业的实际情况，外包企业制定最适合建设方的网站建设方案，并提供相应的报价。

3. 确定合作意向

双方就网站建设方案、建设费用及其他相关细节达成一致后，签订网站开发合同。

4. 开始设计制作

网站建设的委托方要协调公司的各个部门，根据网站开发需要整理相关资料（文字、图片等），协助网站开发公司的工作。

5. 网站的测试与发布

网站制作完成后，需要反复进行测试、审核以及修改，在确定无误后才可以正式发布。基本的测试比较简单，可以在本机进行，当然最好还是在网络真实的环境中测试。网站制作的过程本身就是一个不断地开发、测试、修改和完善的过程。一般情况下，这个过程是将网站内所有的文件上传到服务器上，由开发商先进行全面的测试，然后找一部分用户上网浏览并测试，听取一些用户的意见。在测试的过程中，需要反复听取各个方面的意见并且不断地修改、完善，直到用户满意。最后，将完成好的网站上传至虚拟主机。

网站测试的内容包括服务器稳定性和安全性、程序及数据库测试、网页兼容性测试，以及根据需要做的其他相关测试。

6. 网站验收

网站验收要根据网站开发合同来进行，验收项目包括链接的准确性和有效性、页面是否真实还原设计稿、浏览器的兼容性、功能模块的有效性等。

7. 后台操作培训

当网站验收完成后，建站技术人员会对客户进行后台操作培训，让客户能够独立操作自己的网站。

8. 网站后期推广和维护

网站上线运营后，接下来还需要对网站进行推广和维护。如果网站做好了而不进行维护和推广，那么网站就不会被用户所知；没有有效的流量，网站就发挥不了它应有的作用，所以网站外包公司通常要提供全套的后期网站推广和维护。

网站维护包括：服务器及相关软硬件的维护，对可能出现的问题进行评估，制定响应时间；数据库的维护。有效地利用数据是网站维护的重要内容，因此数据库的维护要受到重视；同时也要注意对网站内容的更新与调整。

第六章　信息网络安全

第一节　手机上网的风险

用户通过手机进行理财就避免不了使用网络服务，而手机一旦联网，就会产生一些特有的风险。一般情况下，手机上网的三大风险来源于无线网络、钓鱼网站及恶意软件。

一、无线网络盗取资料

凡是不需要密码直接接入，用户传输的数据内容都容易被黑客截获。如果您在咖啡厅、商场、酒店、机场等各种公开场所，搜索到一个无须密码的免费无线网络（WiFi），最好是弃之不理，绕道而行。因为，它很可能是伪装成羊的老虎，来盗取用户的资料。

通过 WiFi 钓鱼并不难，黑客可能去一些公共场所（如咖啡厅）建立一个不加密的移动热点（无线访问接入点），以"咖啡厅"这样诱惑性名称误导用户。用户如果用手机连接该热点，将导致自己手机中的重要资料被盗。

一般来说，普通用户手机上网使用的网络传输协议主要有以下两种。

①HTTP：超文本传送协议，该协议是加密协议。

②HTTPS：HTTP 的安全版，该协议则是明文的。

在公共 WiFi 环境下通过 HTTP 协议访问网站，存在被盗取信息的潜在风险。据悉，HTTPS 传输要求客户端和服务器端都加密，而目前很多手机并不支持解密。而且，通过 HTTPS 上网速度很慢，但网络资源消耗却很大。

众多用户共用一个带密码的 WiFi 也并非安全，其链接基本上分为两个过程，接入"WLAN 网络"和对外链接公网，此时混入用户中的黑客同样可以"偷窥"其他人的信息。

无论用户外接公共 WiFi 网络，还是在家里、办公室使用未加密的 WiFi 网络，都可能面临安全风险。不过谈 WiFi 色变也无必要，加密的 WiFi 安全性较高，而运营商提供的 WiFi 网络开启二层隔离功能，以减少同一 AP（热点）下的用户（黑客）通过 AP 进行相互攻击的可能性，增加了无线网络的安全性。因此，在公共区域使用无线上网，还是有密码的好。

不过有信息技术人员认为，加密的 WiFi 还是比较安全，运营商的 WiFi 采用的是电信运营级的网络设备，性能较普通小商家采用家庭级设备稳定。另外，通过 Portal、Web+HTTPS、动态密码等保证用户认证上网的账户安全。即便是黑客与正常用户使用同一个 WiFi 网络，AP 也已开启二层隔离功能，隔离同一个 AP 下所有用户的连接，控制黑客通过 WiFi 窃听和连接用户终端的行为。

当然，如果用户一定要用未加密的 WiFi，若已有应用是登录状态，需先退出，清除掉缓存，同时不要做任何登录账户输入密码的行为。

二、钓鱼网站诈骗钱财

不法分子通过钓鱼网站诈骗钱财，是最常见的一种上网风险。用户不能轻信淘宝旺旺、QQ 等 IM（即时通信）工具里弹出的 URL（网页地址）。因为，使用手机 WAP 浏览 URL，会直接暴露用户名和密码等信息，对用户很不安全。

交易平台类型的手机网站，如手机银行、淘宝等，最有可能被钓鱼网站利用，盗取用户信息，骗取钱财。某些网店乍一看是正常销售商品，然后通过 IM 工具跟手机用户沟通，并在 IM 里弹出 URL。看起来正常的网址实际是伪造，将用户带到假网站上交易，让用户输入账号、密码操作。

对此类风险，用户应该自己多加留意，虽然一些聊天软件在用户发送相关信息（如"转账""密码"等关键字）时会提示用户存在风险。但是，通过中奖类短信或者消息弹窗方式发出的 URL，让人难以鉴别，需要用户自己谨慎处理。另外，一些手机网络安全工具也会实时识别此类网站，并提醒用户可能是恶意网站。

业内人士建议，对于难以鉴别的 URL 链接，如果它把用户带到另一个网站，要求你登录到自己的银行或任何其他账户，千万不能轻易按其要求操作。但如果用户确实需要进行交易，最好是手动输入网址直接访问该网站。

三、恶意软件侵害手机

貌似合法的应用程序（App），可能是源代码被恶意代码复制后的恶意软件，只不过更名为应用程序，3 分钟内就可以上传到恶意软件市场。由于 Android 平台的高度开放性，成为恶意软件最大的舞台。

此前，谷歌（Google）也承认，超过九成的 Android 用户正在运行老版本的移动操作系统，它包含了严重的内核漏洞，这使黑客可以轻松地绕过防火墙，从而可以访问手机用户的数据和资源。

如今，恶意软件不仅仅是内含扣费短信或偷偷刷流量，而且已经可以进行"自我伪装"，成为貌似正常的应用程序，让用户一不留心就下载到了手机。一般来说，安装安全浏览器、知名手机安全软件等，可以保护手机上网行为。

一种新型的恶意软件出现在谷歌的 Android Marketplace（应用商店）上，并且隐藏在合法的 App 背后。用户会被欺骗，从而下载恶意代码，目前已知的伪装应用有 iBook、iCartoon 等。该恶意代码的作用是发送 SMS 消息，在手机用户不知情的情况下订阅一些付费服务。

第二节 移动平台的风险

相比传统金融，手机理财的优势巨大，但随之而来的风险也更多。金融行业和移动互联网行业本身就是高风险行业，手机理财属于移动互联网与传统金融的融合与创新，其风险远比移动互联网和传统金融本身要大。此外，手机理财产业链中普遍存在的跨业经营，并非单纯的传统金融行业进入到金融领域，对金融风险和管控存在认识不足和能力不够的问题。本节将一一分析移动互联网平台中存在的金融风险，以及可能影响到行业稳定的因素。

一、信用风险

信用风险又称违约风险，是指交易对手未能履行约定契约中的义务而造成经济损失的风险。任何金融产品都是对信用的风险定价，其信用都得由组织、企业、个人及政府其中的一方来担保。例如"阿里小贷"这类无须抵押的贷款模式，一旦借款人发生违约的情况，其后果要比有担保、抵押的贷款严重。

无论当前的手机理财产品如何虚拟性及技术化，其核心还是金融，它的落脚点是金融而不是移动互联网技术。由于手机理财的核心是金融，那么它所改变的是实现金融的方式而不是金融本身。因此，手机理财产品的交易同样是对信用的风险定价。

如果没有任何机构、个人对某一产品进行信用担保，那么无论是创新金融产品的企业还是投资者，都可能把其行为的收益归自己而把其行为风险让整个社会来承担，这就容易使得金融市场的风险越积越高。

二、系统性风险

系统性风险是指由政治、经济及社会环境等宏观因素，造成手机理财平台破产或巨额损失，而导致的整个金融系统崩溃的风险。能够对整个手机理财平台产生影响的主要因素有以下几点。

1. 政策风险

政府的经济政策和管理措施的变化，将直接影响某一行业的发展前景，如果这种影响较大时，会引起市场整体的较大波动。如美国颁发 JOBS 法案后，股权制众筹投资开始受到人们的追捧。

2. 利率风险

这是指银行利率波动而产生的影响，假设银行存款利率高于主流的手机理财产品，那么人们会更加倾向于把资金存入银行，则手机理财平台将受到巨大打击。

3. 购买风险

由于物价的上涨，同样金额的资金，未必能买到与过去同样的商品。这种物价的变化导致了资金实际购买力的不确定性，称为购买力风险，或通胀风险。当通货膨胀速率大于投资理财收益时，人们将更倾向于实物投资。

以上是金融行业中常见的系统风险，而对手机理财来说，其存在的系统风险有两大特点：一是系统性风险只对整个系统或全局的功能产生影响或者破坏，并不是对单一机构或局部；二是系统性风险具备非常强的传染性，如网贷平台的风险将蔓延到第三方支付平台。

系统风险属于互联网金融企业不可控风险，企业可以分散、控制的风险只有非系统性风险。或者说，无论企业风险怎样分散、控制，其系统性风险都是保持不变的。此外，我国金融行业发展不充分，金融业开放度不够。金融牌照严格管制、行业垄断明显、利率市场化进程缓慢、存款保险制度缺失、多层次金融监管体系尚未建立等，金融市场环境不完善给互联网金融带来了诸多不确定性。

三、运营风险

许多手机理财平台的运作模式并不十分科学，主要表现在以下两个方面。

1. 风险评估流程不透明

客户风险评估流程不透明、缺乏标准化，难以从监管角度评估行业风险。另外，单个公司的风险评估不具备透明性，难以从行业发展的宏观角度对整体行业信贷风险进行有效监控和监管。

2. 企业竞争激化风险

手机理财平台主要的收入来源体现为服务费和管理费，服务费等都是以成交为前提的，且一般情况下为企业成交金额的一个固定比例。随着行业内部竞争的日益激烈，以及资本方对盈利和增长需求的加强，对利润增幅的要求也越来越高。

在缺乏行业监管，同时内部审核和风险控制流程目前都由企业内部自主决定的情况下，对风险的审慎态度将慢慢让位于对利润的追求。随着时间推移，业务质量会逐步恶化，同时企业经营杠杆率也会逐步增加，在面临大的宏观环境变局时，整个行业面临的系统性风险也不容忽视。

四、技术性风险

手机理财平台作为一个对公众开放的网络信息系统，不但需要对银行系统、服务与内容提供商（Content Provider/Service Provider，CP/SP）开放服务接口，还需要向用户开放公众服务。

这些信息包含个人账户、密码、身份等关键信息，因此会面临各种网络攻击的风险。

移动金融平台的技术性风险主要表现在以下 3 个方面。

1. 软件的设计存在缺陷

自互联网出现以来，"黑客"就一直存在。如果手机理财客户端没有足够的防火墙和防御体系，则比较容易被病毒或者其他不良分子攻击。此外，手机硬件还容易被人为或自然灾害等外力破坏，软件和数据信息可能会被恶意复制、篡改和毁坏。

2. 伪造交易客户身份

手机理财时代突出的特点就是信息在不断变化，移动设备的硬件和软件技术是在不断发展和变化过程中的。当不法分子盗用合法身份信息，实施诈骗或其他非法活动时，是很容易逃过移动互联网的风险管控措施的。

3. 未经授权的访问

这是指黑客和病毒程序对手机银行或第三方移动支付平台的攻击，特别是一些针对普通客户的木马程序、密码记录程序等病毒不断翻新，通过盗取用户资料而直接威胁资金的安全。

技术性风险可以认为是"正与邪的对抗""矛与盾的较量"，有技术的一方将取得胜利。因此，手机理财平台能否得到更优秀的技术人才，将成为该行业面临技术性风险大小的关键。

五、法律风险

手机理财是一种新的金融方式，而传统金融的法律法规难以适应这种基于移动互联网的金融形式，这势必造成较大的法律风险。

手机理财的创新太快，而监管模式和手段还比较落后。由于移动互联网发展迅速，移动互联网企业、通信运营商等非金融类企业纷纷进入金融领域搅局，传统金融产品加快了创新步伐，手机理财领域的新产品、新业态与新模式不断涌现，而我国对手机理财的监管还相当滞后。笔者认为，手机理财平台难以主动规避法律风险，只能依靠更加完善、合理的制度来控制法律风险。

第三节　手机银行诈骗短信

手机银行在给用户提供极大便利的同时，也带来其独有的风险。若用户常使用手机银行，很容易掉入一些诈骗短信的连环陷阱当中，让人防不胜防。

一、信用卡盗刷陷阱

钱小姐喜爱用信用卡消费。她为了方便对账，开通了余额变动的短信提醒服务。某日钱小姐收到了一条信用卡被扣款的短信，但她自己并未在这些天刷过卡，她以为是自己的信用卡被盗刷了，于是匆忙之间拨了短信上的电话，也没确定电话是否属于银行。

电话接通后，对方自称是某行信用卡客服部，客服听了钱小姐的情况对她说，可能是她的资料不小心泄露，让她听到语音提示后修改账户密码等信息。修改完密码之后，钱小姐这才恍然大悟，这肯定是诈骗电话。好在她正好在银行营业厅附近，钱小姐赶紧到营业厅将自己的信用卡冻结。

一些诈骗短信以常见的"余额提醒"的方式引诱用户拨打他们的"客服电话"，一旦用户拨打该电话后，很容易被这些"客服"给说得晕头转向，糊里糊涂地泄露了自己的资料。

对于这样的情况，用户应该谨记一点，银行的客服电话都是固定的。如果接到其他号码打来的电话或发送的信息，或自称银行工作人员的陌生号码，一定拨打相应银行客服电话咨询，切勿轻信。我国各大银行的客服电话如表6-1所示。

表 6-1　我国各大银行客服电话

银行	客服电话	银行	客服电话
招商银行	95555	中国银行	95566
交通银行	95559	农业银行	95599
建设银行	95533	工商银行	95588
中信银行	95558	广发银行	95508
民生银行	95568	光大银行	95595
浦发银行	95528	平安银行 （深发银行）	95511
华夏银行	95577	兴业银行	95561
邮政储蓄	95580	花旗银行	800-830-1880

二、系统更新升级

孙先生收到一条尾号为 95588（工行客服电话）发来的信息，内容为工行电子密码器即将作废，通知他尽快登录短信中提示的网站，进行更新维护。孙先生并未急着去进行所谓的更新，而是问了问有工行卡的朋友是否收到这样的短信，他通过多方验证得知，此短信为诈骗短信。

此类短信以"系统更新升级"为由，通知用户登录虚假网站，从而窃取用户资金。

其实，类似该诈骗短信中给出的网站，细心的用户就能发现是山寨的。在此，笔者提示广大用户，登录银行的网站之前，一定要看清楚网址是否正确，我国各大银行的官方网站如表6-2所示。

表 6-2　我国各大银行官方网站

银行	网址
招商银行	http://www.cmbchina.com/

（续表）

银行	网址
中国银行	http：//www. boc. cn/
交通银行	http：//www. bankcomm. com
农业银行	http：//www. abchina. com/cn/
建设银行	http：//www. ccb. com/
工商银行	http：//www. icbc. com. cn/icbc/
中信银行	http：//www. ecitic. com/
广发银行	http：//www. cgbchina. com. cn/
民生银行	http：//www. cmbc. com. cn/
光大银行	http：//www. cebbank. com/
浦发银行	http：//www. spdb. com. cn/
花旗银行	http：//www. citibank. com. cn/
华夏银行	http：//www. hxb. com. cn/
兴业银行	http：//www. cib. com. cn/
邮政储蓄	http：//www. psbc. com/
平安银行	http：//bank. pingan. com/

如果用户通过 360、"百度"等浏览器输入该网址，则会提示用户：当前页面不是银行的官方网站，此网站可能盗用或混淆其他正规网站的标识。

三、提醒用户如期还款

小吴多次收到了某银行发来的"请如期还款"的短信，这让他十分焦虑。最后经银行工作人员确认，该短信为诈骗短信。一些短信常以提示的方式诱使用户回拨电话。

对于这种短信诈骗方式，笔者提醒广大用户，切勿轻信陌生号码发来的短信通知，更不要轻易回拨陌生电话，给不法分子进一步设下圈套的机会。客户如若无法确认短信真假，可以及时向发卡银行网点详细咨询，以确认短信的真实性。

四、骗取汇款

相信凡是使用手机的用户，都收到过这样的短信："我是房东，我换了个号码，这次的房租打到我老公卡上，卡号、名字是××。""爸妈：我没有钱用了，快汇款支援我。"

这类直接骗取汇款的短信应该是最常见的，但往往有粗心的租客、爱子心切的家长上当。这类诈骗短信，用户一定要谨慎行事。

短信诈骗门槛低，但骗术招法有限。对普通居民而言，预防短信诈骗最重要的一点就是能识别出诈骗信息。如收到此类诈骗短信或电话，要提高警惕，不要透露任何个人信息。

第四节　安全防护措施

移动支付是随着移动通信技术迅猛发展而新出现的一种支付渠道，同时因为电子银行软件登录了移动平台，银行转账等操作不用再专门跑到银行网点操作，大大便利了人们的生活，这也是人们对移动支付爱不释手的原因之一。

令人担忧的是，移动支付却面临着巨大的安全隐患，购物及支付类木马防范难度较大，同时，诈骗短信、手机丢失成为移动支付安全的严重威胁之一。二维码木马钓鱼诈骗和电子密码器升级诈骗等则是目前针对移动支付流行的典型网络骗术。

笔者认为，在移动支付领域里没有绝对的安全，安全是相对的。到目前为止，所有简单、方便的移动支付都是以牺牲安全为代价的。

一、手机和密码一定要保管好

手机理财的操作很方便，但是也存在一定的安全隐患。如果手机用户开通了手机理财账户，那么一定要妥善保管好手机和账户密码，一旦手机被盗且密码外泄，就会让不法分子有机可乘，趁机将账户内的资金全部转走，这给用户的财产安全带来很大威胁。

现在有很多用户为了贪图方便，就直接将银行信息存入手机，或是将银行卡号或银行密码以文档形式储存在手机上。其实用户这样不但很容易泄露个人账户信息，而且还会引来不法分子的窥探。

另外，与传统银行柜台办理业务时需"人证合一"双重查验相比，手机支付通过姓名、卡号、身份证、手机号即可完成，一旦手机与钱包、身份证等资料一起丢失，用户的手机支付安全就将面临巨大的隐患。

二、保持良好的手机理财习惯

如今，手机对大家的帮助越来越多，除了常规的转账、查询、理财等功能外，还为用户提供购电影票和彩票、手机充值、缴纳交通罚款以及团购等诸多生活类功能，弹指之间，理财、生活、工作都可以轻松搞定。

但很多用户也会有这样的顾虑，万一手机丢了，那手机上的账户信息就极有可能暴露了。不过，只要用户使用习惯良好，安全问题就没有必要过多担心。

①有些手机银行有超时退出功能，而有的没有，针对这一点，用户要特别留心。当然，不管有没有超时退出功能，手机银行或者理财 App 使用完毕，都应立即退出。另外，用户每次使用手机银行或者理财 App 后，记得及时清除手机内存中临时存储的账户、密码等信息，避免信息外泄。

②用户在开通手机银行时，一定要使用官方发布的手机银行客户端，同时确认签约绑定的是自己的手机。

③用户可以根据平时每天或每周的转账金额，设立合适的

额度，如果只是小额支付或充话费，可以把转账金额设定少一些。

④手机理财类 App 大都配有密码防护，应尽量为支付账户设置单独的、安全级别高的密码。

⑤当用户发现手机无故停机或无法使用等情况，要第一时间向运营商查询原因，以免错过理财的时期。

⑥当用户更换了手机号时，要及时将旧手机号与网银等理财账户解除绑定；万一手机丢了，还要第一时间冻结手机理财功能，避免造成经济损失。

⑦给手机设置 PIN 密码、锁屏密码，等于在理财 App 的外围增加了一道防护，万一手机丢了，得到手机的人也很难马上解锁手机。

⑧安装相关手机管家软件，开启手机防盗功能，当手机丢失后可以第一时间发指令清空手机数据，以免他人登录手机银行。

主要参考文献

何晓东.2018.互联网+：农村电商创富路［M.］兰州：甘肃科学技术出版社.

中央农业广播电视学校.2018.农村互联网应用［M.］北京：中国农业出版社.

张正飞.2018.农村"互联网+"时代的创业突围［M.］北京：中国农业科学技术出版社.